U0913390

BLACK SWAN 黑天鹅图书

为 人 生 提 供 领 跑 世 界 的 力 量

BLACK SWAN

So

You've

Been

Publicly

Shamed:

A Journey Through

the World of

Public Humiliation

千夫所指

〔英〕乔恩·罗森 Jon Ronson 著

王岑卉 译

九州出版社
JIUZHOUPRESS

图书在版编目（CIP）数据

千夫所指：社交网络时代的道德制裁 /（英）乔恩·罗森著；王岑卉译.
—北京：九州出版社，2016.8
ISBN 978-7-5108-4561-1

Ⅰ.①千… Ⅱ.①乔… ②王… Ⅲ.①互联网络—道德规范—研究 Ⅳ.①TP393.4-05②B82-057

中国版本图书馆CIP数据核字（2016）第172644号

版权登记号：01-2016-4341
SO YOU'VE BEEN PUBLICLY SHAMED by Jon Ronson

千夫所指：社交网络时代的道德制裁

作　　者　（英）乔恩·罗森　著　王岑卉　译
出版发行　九州出版社
地　　址　北京市西城区阜外大街甲35号（100037）
发行电话　（010）68992190/3/5/6
网　　址　www.jiuzhoupress.com
电子信箱　jiuzhou@jiuzhoupress.com
印　　刷　北京嘉业印刷厂
开　　本　170毫米×240毫米　16开
印　　张　16.5
字　　数　212千字
版　　次　2016年10月第1版
印　　次　2016年10月第1次印刷
书　　号　ISBN 978-7-5108-4561-1
定　　价　42.80元

献给伊莲

目录

contents

第一章
公开羞辱的复兴

整个故事开始于2012年1月。当时，我发现推特（国外社交网络及微博客服务网站）上又冒出了一个乔恩·罗森。他的头像是我的照片，推特账号是@jon_ronson。正当我满心狐疑地翻看他以前的推特时，他突然更新了："回家喽！吃了份加蛋黄酱的瓜拉纳贻贝三明治，好想弄到食谱啊！#美味#"

"你是谁啊？"我问他。

"正在看美剧#宋飞正传#。好想来一大盘撒上柠檬草的块根芹、石斑鱼和酸奶油烤肉串啊。#吃货#"他又发了一条。

我简直无语了。

第二天一早，我连自己的主页都没进，就去看他的主页了。他头天晚上又更新了："正在做关于#时间#和#鸡鸡#的梦。"

他有二十个粉丝，其中有些是我在现实生活中认识的人。他们可能在想，我怎么突然对美食这么感兴趣了，还坦白自己做了小黄梦。

我又往下挖了挖。我在《卫报》网站上发过一个讲"垃圾波"

（spambots）[1]软件的小视频。几星期之前，有个名叫卢克·罗伯特·曼森的华威大学学者在下面发了条评论："我们给罗恩做了个'替身'（infomorph），你们可以在推特上关注他，账号是@jon_ronson。"

"哦，看来这是和垃圾波类似的东西。"我想，"好吧，问题不大。卢克·罗伯特·曼森肯定是觉得我会喜欢。只要他发现我不喜欢，就会自动注销了。"

于是，我上推特给他留了言："你好！请问可以关掉'垃圾波'吗？"

十分钟后，他回复了："我们更喜欢'替身'这个词。"

我有点不爽。"但它盗用了我的身份啊。"我写道。

"替身没有盗用你的身份，"他回复，"只是将社交媒体数据重新整合，形成了一种信息图表式的美学。"

我感到胸口一紧。

"哎呀，他娘的，好想来一盘烤洋葱配脆皮法式烤面包啊。#吃货#"@jon_ronson又更新了。

就这样，我跟机器人版本的自己开战了。

一个月过去了，@jon_ronson以每天二十条的频率更新着，展示社交派对见闻，炫耀自己的交际圈子。现在，它的粉丝增加到了五十个。这个账号简直是误人子弟，我对派对和朋友的看法全被它扭曲了。

"垃圾波"让我无可奈何，丢人现眼。我的形象被陌生人毁于一旦，自己却束手无策。

---

① 垃圾波，一款协助发送垃圾邮件的电脑程序。

我又给卢克·罗伯特·曼森留了言，问他，如果他坚持不肯注销的话，那能跟我见个面吗？我可以把会面过程拍下来，传上YouTube（可供网民下载观看及分享短片的网站）。他同意了，还开心地表示愿意解释“替身”背后的哲学。我回复他说，我“当然”对它背后的哲学感兴趣。

我在伦敦市中心租了个房间，他带着垃圾波团队的另外两个人一起过来。他们三个都是学者，是在华威大学认识的。卢克是他们当中最年轻的，二十来岁，相貌英俊，根据放在网上的简历，是“技术和网络文化领域研究员，虚拟未来协会会长”。大卫·保索拉看上去像个放荡不羁的教师，是很可能在文学研讨会上大谈特谈邪恶巫师阿莱斯特·克劳利[①]的那种人。他是“创意技术专家”，数字代理商Philter Phactory的首席执行官。丹·奥哈拉是个光头，眼神锐利，下巴紧绷，表情很不耐烦。他三十来岁，是科隆大学的英美文学讲师，以前还做过牛津大学的讲师。他写过一本关于英国小说家J.C.巴拉德的书，名叫《终极隐喻》（*Extreme Metaphors*），还写过《托马斯·品钦：精神分裂症与社会控制》（*Thomas Pynchon：Schizophrenia & Social Control*）。我现在才知道，垃圾波是大卫·保索拉做的，另外两个人负责“研究和咨询”。

我建议他们在沙发上坐成一排，好把他们都拍进去。丹·奥哈拉瞄了另外两个人一眼。

“我们就按他的意思来吧。”他说。他们都坐了下来，丹在中间。

“什么叫按我的意思来？”我问他。

① 阿莱斯特·克劳利是活跃于20世纪初的英国巫师，沉溺于黑魔法，举行大量不道德的仪式，被称为“世上最邪恶的人”。

“这和精神控制有关系。”他回答。

“你觉得我让你们在沙发上坐成一排，是想从精神上控制你们？”

“绝对是这样。”

“怎么控制？”

“我对学生就是这么做的，”丹说，“我坐在椅子上，让学生们在沙发上坐成一排。”

“你为什么想从精神上控制学生？”

丹像被我抓住了把柄一样，显得有些紧张：“为了营造良好的学习环境。”

“这会不会让你觉得不舒服？”我问。

“不，还不至于，”丹说，“你会觉得不舒服吗？”

“会。”

“为什么呢？”

我开始诉说自己的不满：“你们这些学者不经当事人同意就闯进别人的生活，把别人当作学术试验的工具。我请你们停下来的时候，你们却轻描淡写地说，‘哦，这不是垃圾波，是替身’。”

丹点点头，身子前倾，问我：“世界上肯定有很多叫乔恩·罗森的人吧？跟你同名同姓的，对不对？”

我搞不清他葫芦里卖的什么药，只好谨慎地回答：“我相信也有其他人叫这个名字。”

“我也面临同样的问题，”丹微微一笑，“有个学者就跟我叫一样的名字。”

“你的问题跟我的不完全一样。我真正的问题是，有三个陌生人盗用我的身份，创造了一个机器人版本的我，又不肯关掉这个程序，尽管他们都有名校背景，还在TED[①]大会上做过演讲。”

丹无奈地长叹了一口气：“你的意思是，世界上只有一个乔恩·罗森，你才是正主，其他全是冒牌货。你要验明正身，去伪存真，是不是？”

我死死地盯着他。

“你把我们弄得有点不爽哎，”丹接着说，“你要这么说我们可不服。我们觉得这中间已经隔了一层，你想保护的是你的网络人格——乔恩·罗森的形象，对吗？”

“不！我只想发个推特而已！”我喊了起来。

“网络世界不是现实啊。”

“写推特的是我，按‘发送’键的也是我，所以推特上的就是我本人。”

我们都紧紧盯着对方。

“这跟学术没关系，”我说，“跟后现代主义也没关系，这是事实。”

“真诡异，”丹说，“我觉得你理解这件事的方式很奇怪。很少有人用真名做推特账号，你却是其中之一。现在谁还这么做啊？所以我有点怀疑你的动机，乔恩，我觉得你是想用推特做形象管理。”

我气得一句话也说不出来。我竟然忘了指出，卢克·罗伯特·曼森的推特就用了自己的名字@LukeRobertMason。直到今天，我还后悔不已。

我们就这样唇枪舌剑，说了一个多小时。我告诉丹，我这辈子都没用过“形象管理”这个词，根本不懂这种新兴语言。“你们的垃圾波也

---

① TED大会每年3月在北美举行，宗旨是“值得传播的创意”，届时将召集科学、设计、文学、音乐等领域的杰出人物，分享关于技术、社会、人的思考和探索。

是，它用的语言跟我完全不一样。”

“没错。”三个人异口同声地表示同意。

“所以我才这么生气，”我解释说，“这是歪曲我的形象。”

“你希望它能更像你本人？”丹问。

“我希望它压根不存在！”我回答。

“奇怪，”丹吹了声口哨，将信将疑地说，“我发现这从心理学角度看很有意思。”

“为什么？”

“我感到强烈的敌意。你好像想把这些算法杀掉？你肯定觉得受到了威胁。”他关切地看着我，“通常来说，我们不会杀掉自己讨厌的东西的。”

“你个浑蛋！”

采访结束后，我有气无力地在伦敦午后的大街上游荡。我有点怕把视频传上YouTube，因为自己刚才简直是歇斯底里。但我还是鼓足勇气，面对可能出现的嘲讽，毅然决然把视频放了上去。大约十分钟后，我战战兢兢地瞄了一眼评论栏。

我读到的第一条评论是：“这是身份盗用，他们应该尊重乔恩的个人自由。”

我稍稍松了一口气。

“应该给那几个浑球开推特小号，成天表达他们对色情片的热爱。”第二条评论如是说。

我咯咯直笑。

“这帮人就是控制狂，”第三条评论说，“干死他们！起诉吧，让他们彻底完蛋。我要是跟他们面对面，肯定要喷死他们。”

我简直心花怒放了。我就像电影《勇敢的心》里的英雄，闯荡在漫漫原野上，起初是孤身一人，后来有了无数追随者。

“卑鄙，一群自以为是的二货，把别人的生活当儿戏，以别人的痛苦为乐。”下面的评论这么说。

我用力点点头。

接下来一条是：“那帮学者就是傻×，应该让他们用最痛苦的方式去死。坐中间那孙子就是一神经病。”

我皱了皱眉头，并不希望有人给他们造成实际的伤害。

“弄死这帮孙子，尤其是中间那傻×。左边那秃子也是，那个不说话的也不能放过。然后往他们尸体上撒尿。”这是接下来的一条。

我赢了。没过几天，那帮学者就注销了@jon_ronson这个账号。他们惨遭羞辱，最后只好默默接受了事实。公开羞辱就像给一切按下恢复出厂设置的按钮。原本有些东西马上失控了，但由于众人议论纷纷，一切又重归平静。

那帮学者把摧毁“垃圾波”这件事看得很重。他们在《卫报》的专栏里宣称，自己的宏伟目标是暴露华尔街算法的专制性。“被程序操纵生活的不止罗森一个人，我们每个人都是如此。”但我还是搞不懂，难道注册个垃圾账号谎称我爱吃芥末馅饺子，就能让公众对华尔街算法义愤填膺？

“有人让我解雇你——你明白这意味着什么吗？”大卫·保索拉写了条推特，艾特了那个垃圾账号，“你只剩下几小时了，希望你好好享受最后的时光。”

“天哪，真是够了，”我给他发了封邮件，“赶紧注销吧。”

我很高兴能取得胜利，感觉棒极了。美妙的感觉充斥着我的全身。全世界的陌生人都联合起来告诉我，我是对的。这真是个完美的结局。

接下来，我准备愉快而骄傲地回顾一下社交媒体上的公开羞辱事件。第一件引起轰动的事发生在2009年10月。爱尔兰乐队“男孩地带”成员斯蒂芬·盖特利和同性伴侣安德鲁·考尔斯一起度假时意外身亡，验尸官得出的结论是自然死亡。专栏作家扬·莫伊尔却在《每日邮报》（*Daily Mail*）上写道：“无论死因是什么，都绝不是正常死亡……这对于同性伴侣‘从此幸福生活在一起’的神话不啻又一次打击。”

我们才不会允许这种老顽固的思想死灰复燃呢。在众怒之下，玛莎百货和雀巢公司要求《每日邮报》网站撤下自己的广告。那真是一段好日子。我们用《每日邮报》意想不到的武器打击了它，那就是社交媒体上的公开羞辱。

从此以后，只要出现仗势欺人的情况，我们就会动用这个武器。《每日邮报》嘲笑一家致力于消灭饥饿的慈善组织不核查申请人身份就发放食品。当晚，那个慈善组织就在推特上收到了三万九千美元捐款。

谈起这场“战役”时，有位网友是这么说的：“这就是社交媒体的好处。《每日邮报》以造谣中伤为生，无法促进人们相互交流，形成自己的观点。”

一对失业夫妇交不起洛杉矶健身中心的会费，健身中心却不让他们退会。我们再次出手，健身中心马上就认㞞了。过去毫无反抗能力的小个子击败了巨人，是因为弱者使用了新式武器——网络上的公开羞辱。

后来有一天，我突然意识到，情况已经发生了变化。公开羞辱正在逐渐复兴。经过一百八十年的沉寂（英国早在1837年就取消了公开处刑，美国则是1839年取消的），它终于东山再起了。公开羞辱是一种威力无穷的工具。它能产生高压，扩展速度和影响范围都极为惊人。阶级的界限被打破了，沉默的人可以发声了。这就像社会公正的民主化。所以我决定，下回当公众用羞辱来对抗强权，公民以戏剧性的方式取得胜利时，自己一定参与其中。我想近距离观察这种行为，记录它是怎样纠正错误的。

我没有等太久。@jon_ronson在2012年4月2日正式注销。仅仅过了十二星期，在7月4日半夜，一个住在布鲁克林区格林堡的男人躺在沙发上构思博客时，突然有了意想不到的发现。

第二章
大卫和歌利亚

2012年7月4日半夜，迈克尔·莫伊尼汉躺在沙发上，妻子乔安娜陪着刚出生不久的宝宝在楼上睡觉。他们很穷，一直都很穷。新闻界的每个人似乎都挣得比迈克尔多。“我永远也不能把新闻变成钱，”他后来告诉我，“我不懂该怎么做。”

他们非常焦虑。迈克尔已经三十七岁了，靠写博客和自由撰稿勉强糊口，住在布鲁克林区格林堡一间没有电梯的公寓里。

不过，他刚刚得到了一个工作机会。《华盛顿邮报》请他在十天内写一篇文章。这个时间段不算太好。“现在是国庆节，每个人都在休假，既没什么读者，也没什么新闻。”但不管怎么说，这都是个难得的机会。迈克尔感觉肩头压力很大。这种压力刚刚毁掉了去爱尔兰拜访老丈人的假期，现在又让他赖在沙发上一筹莫展。

他开始在网上寻找灵感，心血来潮下载了最近《纽约时报》畅销书排行榜首位的非虚构读物。那是一本讲创造力的神经科学著作，作者是年轻英俊、享有国际声望的心理科普作家乔纳·莱勒，书名是《想象：创造力是怎么工作的》（*Imagine：How Creativity Works*）。

第一章的标题是“鲍勃·迪伦的大脑”。这一下子就引起了迈克尔的兴趣，因为他是鲍勃·迪伦的铁杆粉丝。在迪伦天马行空的音乐生涯里，《滚石》（*Like A Rolling Stone*）这首曲子的诞生无疑是里程碑。乔纳·莱勒再现了迪伦创作这首曲子的心路历程。

1965年5月，迪伦觉得百无聊赖，厌倦了辛苦的巡回演出，“被失眠和药物折磨得瘦骨嶙峋”。他开始厌恶自己的音乐，创作的欲望荡然无存。正如乔纳·莱勒所说：

> 他唯一相信的，就是这种生活不能再继续下去了。每次在报纸上读到关于自己的报道时，他都会有同样的感觉：“上帝啊，幸亏我不是‘我’，幸亏我不是那样。”

迪伦告诉经纪人，他要退出音乐界。他搬进纽约伍德斯托克的一间小屋，打算写本小说。

> 但就在迪伦决定结束音乐生涯的时候，他被一种奇怪的感觉攫住了。“那是一种很难描述的感觉，”迪伦事后回忆说，“就像突然有了倾诉的冲动。”

难怪《想象：创造力是怎么工作的》这本书会畅销了。但凡陷入创作瓶颈、深感绝望的人，有哪个不想读到这样的故事，有哪个不希望自己当前的状态和鲍勃·迪伦创作出《滚石》前一样？

我得解释一下，迈克尔·莫伊尼汉下载乔纳·莱勒的书，不是因为给《华盛顿邮报》写文章遇到瓶颈，需要找点灵感，而是因为乔纳·莱勒不久前被卷进了一起不大的丑闻，迈克尔打算报道这件事。经人证实，莱勒给《纽约客》写的一些专栏文章，其实是他几个月前给《华尔街日报》写的文章。英国没有美国那么重视“自我抄袭”，迈克尔打算讨论这个现象，进而探讨这反映了英美文化的哪些特点。

读到某一处时，迈克尔停了下来。他反复打量这句话：

> “那是一种很难描述的感觉，”迪伦事后回忆说，“就像突然有了倾诉的冲动。”

迈克尔皱起了眉头：“鲍勃·迪伦什么时候说过这种话？”

“是什么引起了你的怀疑？”我问迈克尔。我俩在纽约切尔西的一家小餐馆吃午饭。迈克尔相貌英俊，但显得很烦躁，眼睛像哈士奇一样暗淡无光，眼神飘忽不定。

“这话不像迪伦说的。当时的迪伦，每次接受采访时都很浑蛋，让采访者超级不爽。但这句话听上去却像是鸡汤文里的。”

所以，迈克尔躺在沙发上，翻了翻这句话前面的段落。

> 每次在报纸上读到关于自己的报道，他都会有同样的感觉：“上帝啊，幸亏我不是‘我’，幸亏我不是那样。”

在D.A.彭尼贝克执导的纪录片《永不回头》（*Dont Look Back*，省略掉Don’t的一撇是导演的主意）里，迪伦读了一篇关于自己的报道：“他拼命抽着雪茄，每天要抽八十根……”他哈哈大笑：“上帝啊，幸亏我不是‘我’。”

迈克尔心想，乔纳·莱勒怎么知道迪伦每次读到关于自己的报道都会这么说？“每次”从何而来？而且，“上帝啊，幸亏我不是‘我’”这句有据可查，“幸亏我不是那样”这句是哪来的？他什么时候说过这句话？乔纳·莱勒是从哪里找到这句话的？

于是，迈克尔·莫伊尼汉给乔纳·莱勒发了封邮件。

“我是迪伦的死忠粉，一拿到你的书，就迫不及待地从第一章读起……迪伦的说话风格我非常熟悉，所以有些引言让我觉得很困惑，又找不到出处……”

这是迈克尔给乔纳·莱勒写的第一封邮件，是他带我回家后，在客厅里读给我听的。他妻子乔安娜坐在我们旁边，周围散落着婴儿玩具。

到7月7日，迈克尔在发给乔纳·莱勒的邮件里，已经指出了六处可疑的引言，包括“就是突然有了倾诉的冲动”和“幸亏我不是那样”，还有迪伦对刨根问底的记者们愤怒的回应：“我对自己写的东西没什么可说的。我只是把它们写下来，没什么伟大的含义。别再叫我解释了。”

在《永不回头》里，迪伦确实说过“我对自己写的东西没什么可说的。我只是把它们写下来，没什么伟大的含义”。

但没有“别再叫我解释了”。

迈克尔提到了自己的截稿日期，说自己得在十天内把文章交给《华盛顿邮报》，然后就按了“发送”键。

第二天，乔纳给迈克尔回了两封邮件。他的回信看上去既友善又专业，公事公办，还带着点优越感，让人一看就觉得是个聪明的年轻学者。他对迈克尔提出的问题表示理解，保证会尽量安排时间解答，但最快也要十一天后。因为他正在北加利福尼亚度假，假期刚好是十天。资料都在家里，离度假的地方有七小时车程。他不愿意为查点资料来回奔波十四小时，这会毁了假期的。如果迈克尔能等上十天，他会发来详细的脚注。

迈克尔给我读这个部分的时候哑然失笑。十天，刚好跟迈克尔给《华盛顿邮报》交稿的时间一样。

不过，乔纳愿意试着凭记忆回答迈克尔的问题。

迈克尔说："从这里开始，他就露出狐狸尾巴了。他打算撒谎，不过还有点犹豫。'我要不要撒谎呢？'"

乔纳选择了撒谎。

"我得到过一些帮助，"他写道，"来自迪伦几个经纪人中的一个。"

那个经纪人让乔纳浏览了尚未公开的采访原稿。如果有些引言跟网上通行的版本有出入，原因就在这里。

乔纳接下去写道：迪伦是在1995年对电台记者说出"别再让我解释了"这句话的，引自一套罕见的多卷本选集《开口的小提琴手：鲍勃·迪伦传奇一生的访谈和记者招待会采访集锦》（*The Fiddler Now Upspoke：A Collection of Bob Dylan's Interviews，Press Conferences and the Like from Through- out the Master's Career*）。然后，乔纳对迈克尔表示感谢，彬彬有礼地结束了邮件。邮件最下面一行字显示："发自我的苹果手机。"

"发自他的苹果手机，"迈克尔说，"这么长的一封信竟然是用手机写的。大概他是心虚吧。他手心里会不会全是汗呢？你说呢？"

谁知道乔纳·莱勒是不是真的在度假？但迈克尔只好信了。两人暂时没有再联系。这导致迈克尔迟迟无法把文章交给《华盛顿邮报》，只好继续挖掘资料。从《开口的小提琴手》找线索简直是个噩梦："第十一卷，第十二卷，第十五卷，每卷售价一百五十美元到两百美元。"

乔纳·莱勒可能觉得迈克尔没钱买一套这么贵的选集，也不会真对这么卷帙浩繁的著作深究到底，但他实在是太低估迈克尔了。迈克尔身上有些特质，让我想起了电影《终结者2》里的半机械人，那个家伙比阿诺·施瓦辛格还结实，跑起来比速度最快的汽车还快。他妻子乔安娜告诉我："迈克尔是社会法则的守护者。"又转过身对他说，"你很善良，只要每个人都……"她的声音渐渐变小了。

迈克尔说："如果有人在街上乱丢垃圾，我就会无法忍受。我会失去理智，问他：你为什么要这么做？"

"这一下就是好几个小时，"乔安娜说，"我们本来只想出去散散步，结果却听了整整半小时的咆哮……"

"我感觉整个世界都在崩溃。"迈克尔说。

最后，迈克尔找到了《开口的小提琴手》的电子版。确切地说，不是那套书的电子版，"而是迪伦全部已知采访的档案合集，名为《每个字都是精神污染》（*Every Mind-Polluting Word*），"迈克尔告诉我，"基本能算作《开口的小提琴手》的电子版吧，是一个粉丝整理后放到网上的。"它证明鲍勃·迪伦在1995年只接受过一次电台采访，而且一次也没对采访者说过"别再让我解释了"。

7月11日，迈克尔跟妻子女儿在公园里玩。天气很热，他女儿在喷泉里爬来爬去。电话突然响起，铃声提示“乔纳·莱勒来电”。

我现在知道乔纳·莱勒的声音是什么样的。如果要用一个词来形容他的声音，那就是“字斟句酌”。

“我们聊得不错，”迈克尔说，“谈迪伦，谈新闻界。我告诉他，我不是想出名。你知道的，我奋斗好几年了，做该做的事，养家糊口，一切都很好。”

迈克尔说“没问题”时的语气，让人听来恰恰像是“有问题”，就像一个人焦虑地低下头，死死盯着地板一样。

“我告诉他，我不是那种嘴上没毛的脑残，‘只要你找个目标，我就会在广场上把它烧了，让世人知道老子的厉害。’乔纳说，‘我对此一点也不感冒。’”

迈克尔挺喜欢乔纳：“我和他聊得挺好，真的挺好。那是一次很棒的对话。”挂电话之前，他们互道珍重。几分钟后，乔纳给迈克尔发来邮件，再次对他的正直和不像脑残一样羞辱别人表示感谢。那些人从来不像迈克尔这么宽宏大量。

那之后，迈克尔冷静下来，继续深挖乔纳这个人。

那几天过得很平静。迈克尔感觉自己像阿加莎笔下的大侦探波洛一样。乔纳声称自己得到了迪伦几个经纪人中一个的帮助，迈克尔觉得有点可疑。事实证明，鲍勃·迪伦只有一个经纪人，名叫杰夫·罗森。虽然杰夫·罗森的电子邮件地址不太好找，迈克尔还是找到了。

迈克尔发邮件问他有没有跟乔纳·莱勒说过话，对方回答“从来没有”。

于是，迈克尔又给乔纳发了封邮件，说还想再提几个问题。

乔纳显得有点惊讶。难道迈克尔还想报道这件事？他还以为迈克尔放弃了呢。

迈克尔给我讲这个故事时，一脸鄙夷地摇了摇头。乔纳显然以为自己的甜言蜜语已经阻止了迈克尔做进一步调查，但其实不然。“不高明的撒谎者总以为自己擅长撒谎，”迈克尔对我说，“他们总是相信自己胜券在握。”

“我跟杰夫·罗森联系过了。”迈克尔告诉乔纳。

乔纳一听这话马上慌了，迈克尔说：“他一下子就慌了。我从没见过谁慌成这样。”

※

乔纳开始频繁给迈克尔打电话，求他不要发表这篇文章。有时迈克尔会把手机调成静音，再看手机的时候，屏幕上会有很多乔纳的未接来电。要不是他截图保存了下来，我真是难以置信。我问迈克尔，这件事从什么时候起不再有趣了。他回答：“从你的对手感到恐慌的那一刻起。”他停顿了一下，“这就像在丛林里打猎，你觉得很爽。你开枪打伤了一只动物，它倒在地上苟延残喘，只希望你朝它头上再补一枪。这时你会想，‘我可不想那么做，那太可怕了’。”

迈克尔接到了乔纳的版权代理人安德鲁·威利的电话。他代理的不仅仅是乔纳，还有鲍勃·迪伦、大卫·鲍伊、大卫·伯恩、大卫·洛克菲勒、V.S.奈保尔、《名利场》（*Vanity Fair*）杂志、马丁·艾米斯、比尔·盖茨、约旦国王阿卜杜拉二世和阿尔·戈尔。事实上，安德鲁·威利并没有亲自给迈克尔打电话。“他通过别人联系我，让我给他打个电话，”迈克尔说，“我觉得这简直像《锅匠、裁缝、士兵、间谍》（*Tinker Tailor Soldier Spy*）里的情节。他是美国文学界最有权有势的版权代理人，而我只是个无名小卒。我给他打了个电话，把事情说了一遍。他说：‘如果你坚持发表这篇文章，就等于毁了一个人的生活。你觉得这件事比毁掉一个人的生活还重要吗？’”

“你是怎么回答的？”我问。

“我说，我会好好考虑的。”迈克尔说，“我猜安德鲁·威利肯定是个亿万富翁，因为他很有洞察力。后来，乔纳打电话来说：‘安德鲁·威利说你打算继续写下去，发表出来。’”

截稿日前一天，也就是7月29日（星期天）下午，迈克尔走在弗拉特布什大街上，冲手机那边的乔纳吼了起来：“我需要你公开这件事。你必须这么做，乔纳。你必须公开这件事。”“我疯狂地挥着胳膊。我实在太生气、太沮丧了。他浪费了我那么多时间，对我撒了那么多谎，还有那些假笑。”最后，乔纳声音里的某些东西让迈克尔意识到，这件事已经不可避免了。“我冲进商店，买了本Hello Kitty笔记本和一支笔。足足二十五秒的时间里，他都在说：‘是我的错，很抱歉撒了谎。’接下来，事情总算是尘埃落定了。”

这件事前前后后花了二十六天，迈克尔只花四十分钟就写完了报道。他还是不知道怎么在新闻界赚钱。他同意把这个独家新闻交给犹太人办的《平板》（*Tablet*）杂志首发。《平板》得知自己获此殊荣后，立刻表示要付迈克尔平常稿酬的四倍。但这笔钱并不算多，只有两千两百美元。这篇报道总共只让他赚了这么点钱。

他写报道花了四十分钟，却抽掉了九包烟。

“如果说乔纳·莱勒差点杀了我，那是因为他害我在安全出口外面抽了太多的烟。我一根接一根地抽啊抽。如果你掌握了生杀大权，只要按下‘发送’键就能置人于死地，你也会这么做的。而且手机还响个不停，一直响啊响的。那个星期天晚上，我手机里有二十个乔纳的未接来电，然后是二十四、二十五个。我从没见过这样的人。”

“他不停地打电话，”他妻子乔安娜说，“这真让人难过。我不懂他为什么觉得一直打电话就能有用。”

“那是他一生中最糟糕的一个晚上。”我说。

“是啊，是啊，当然了。”迈克尔也说。

最后，迈克尔终于接了手机：“我说：‘乔纳，你不要再打了，再打就是骚扰了。’我觉得就像把他从悬崖上推下去一样。我说：‘告诉我，你不会做傻事。’他当时真的有可能做傻事，我特别担心。我也想过，要不还是别把文章发出去了。他一直在说，‘求求你，求求你’，就像儿童玩具快没电时那样有气无力，断断续续。‘求求你，求求你……’”

迈克尔问我，换成是我会怎么做。我有没有遇到过类似的情况。只要发布一则消息，就会毁掉一个人？真正意义上的毁掉。

我认真想了一会儿。“毁掉一个人？”我停顿了一下，“没有。我觉得应该没有，不过不确定。”

“永远别这么做。”

他说，当天晚上真的考虑过就这么算了，还是不发表了。乔纳也有个刚出生不久的女儿，跟迈克尔的女儿差不多大。迈克尔说，他不能欺骗自己。他很清楚按下“发送”键对乔纳来说意味着什么：“当我们搞砸的时候，不仅仅是丢掉工作，而是断送职业生涯。”

迈克尔想起了过去的一些记者，比如《新共和》（*New Republic*）杂志的斯蒂芬·格拉斯。1998年，格拉斯写过一篇轰动一时的报道，名为“黑客天堂”（Hack Heaven），讲一个还在上学的十五岁男孩黑了Jukt Micronics软件公司的数据库，最后反而被公司录用。格拉斯描写男孩在会议室敲诈该公司时，简直像亲临现场一样：

> “我要好多好多的钱。我要马自达。我要去迪士尼。我要X战警初版漫画。我要订一辈子的《花花公子》和《阁楼》杂志。快拿钱！快拿钱！”桌子的另一边，公司高管们……毕恭毕敬地耐心倾听他的要求。“对不起，打扰一下，先生，”一位西装笔挺的男士试着打断满脸青春痘的少年，“请原谅我打断您，先生。我们可以安排一下，给您更多的钱。”
>
> ——斯蒂芬·格拉斯，“华盛顿现象：黑客天堂”
>
> 《新共和》，1998年5月18日

事实上，既不存在这间会议室，也不存在这家公司和年轻的黑客。《福布斯数码新闻》（*Forbes Digital*）的记者亚当·彭南伯格因为《新共和》抢了自己的饭碗而愤愤不平，做了些调查，发现格拉斯的所谓“报道”全是杜撰的。格拉斯因此被炒了鱿鱼。他进入法学院潜心读书，以优异的成绩毕业，2014年在加利福尼亚申请律师执业资格，却惨遭拒绝。他身上的污点没法洗掉，一辈子都将如影随形。从某个角度看，他和乔纳·莱勒惊人地相似：年轻、爱读书、擅长撒谎，并因此在新闻界获得了不可思议的成功。但格拉斯编造了整个场景、角色和大量的对话，乔纳只是愚蠢地在“幸亏我不是‘我’”后面加了句“幸亏我不是那样”。如果仅仅是这样，他就要受到像格拉斯那样的残酷惩罚，那这个世界真是不可理喻了。我觉得，迈克尔按下“发送”键还不至于让乔纳沦落到格拉斯的地步，他说得有点夸张了。

在迈克尔看来，这说到底还是职业道德问题。他说，自己在整个过程中受的煎熬一点也不比乔纳少。他们俩就像同时坐在一辆刹车失灵、即将撞毁的汽车里一样。他怎么能不按下“发送”键呢？如果这件事泄露出去，人们会怎么想呢？为了光明前程选择掩盖真相？“我本可以做个软骨头，屈服于安德鲁·威利的淫威。但如果那样，我就再也没法工作了。”

迈克尔还说，几小时前发生的一些事，让他觉得真相肯定掩盖不住了。乔纳在电话里坦白后，迈克尔全身发抖，在布鲁克林公园旁找了家咖啡馆坐下，打算调整一下情绪。他在那里碰上了同行，《名利场》杂志的达纳·瓦尚。

“我在写一篇文章，当事人刚刚通过电话向我坦白了真相。”迈克尔告诉他。

“谁呀？”达纳·瓦尚问。

“不能说。”迈克尔回答。

就在这时，迈克尔的手机响了。手机屏幕上闪烁着几个硕大的字——乔纳·莱勒。

“哦，原来是乔纳·莱勒。”达纳·瓦尚说。

“你大爷的！”迈克尔骂道，“一个字也别说出去啊！”

所以，这件事达纳·瓦尚知道，《平板》杂志的编辑知道，安德鲁·威利也知道。纸终究包不住火啊。

于是，迈克尔按下了“发送”键。

生米已经煮成熟饭之后，迈克尔跟乔纳通了最后一次电话。那是文章刊出前几小时。迈克尔几乎一夜无眠，已经筋疲力尽了。他告诉乔纳："希望你知道，我这么做之后心里很难受。"

"乔纳沉默了一会儿，"迈克尔告诉我，"然后很严肃地说：'你知道吗，我真的一点也不在乎你的感受。'"迈克尔摇了摇头，"这话说得真冷血。"

乔纳接着说："我真的非常、非常后悔……"

"后悔什么？"迈克尔不禁猜想，"后悔骗人？后悔撒谎？"

"我真后悔给你回了邮件。"乔纳说。

"我的回应，"迈克尔说，"是一阵沉默。"

当天晚上，迈克尔"心烦意乱，感觉糟透了。我又不是什么怪物！我自己也压抑得快崩溃了。我妻子能证明这一点"。他回想起他们的通话。突然，他产生了怀疑。或许最后一次通话时那个冷血的乔纳，才是真正的乔纳。或许乔纳一直都把自己玩弄于股掌之间，用"情感共鸣"让他产生内疚，诱使他撤下报道。或许乔纳早就认定迈克尔"心很软，容易操纵"。迈克尔告诉乔纳自己联系了杰夫·罗森的时候，乔纳说："那我猜你比我更适合当记者。"在迈克尔看来，这句话有一种居高临下的姿态，似乎乔纳只将自己视为"某个白痴，为了找点稿子，像没头苍蝇一样四处乱撞"。或许前几个星期乔纳做的一切都是经过精心策划的骗局。

我想知道，乔纳这么做到底是精心策划，还是出于恐惧？迈克尔把乔纳的一举一动都视为骗局，会不会是为了减轻自己的负罪感？如果是场骗局，那就太可怕了；如果是出于恐惧，那是人之常情。

“跟别人打电话就像读小说一样，”迈克尔说，“你的头脑里会勾勒出场景。我在作者简介里见过他的照片，但没见过他的一举一动。我不知道他走路的姿势，也不清楚他穿什么衣服。好吧，我倒是知道他戴了副时髦的眼镜。但在这四星期里，我一直在想象他的样子，想象他家的模样，一栋小房子。他是个记者，我也是记者。我是个废物。我得交房租。我过得不错，挺开心，但还不够好……”

这好像是迈克尔第三次形容自己是“废物”了。我觉得，他知道强调自己的无能，会让这篇报道更有吸引力，突显两个人冲突的戏剧性：一个是默默无闻的普通记者，一个是万众瞩目的著名作家；一个是牧羊少年大卫，一个是巨人战士歌利亚。但我想，他这么做不光是出于叙事的需要。他反复强调，卷进这件事不是故意的，他做这件事不为赚钱。巨大的压力害得他差点崩溃了，但安德鲁·威利和达纳·瓦尚的出现让他不得不痛下狠心……我突然意识到，迈克尔确实因为这件事受了伤。他对我说“永远别这么做”，永远别发表可能毁掉别人的文章时，并不是装腔作势。他确实是这么想的。

“我想象他家的模样，一栋小房子，”迈克尔继续说，“我试着想象跟他易地而处。妻子在忙家务，孩子在后院玩，他则在屋子后面的卧室里冷汗直流。”迈克尔停顿了一下，“后来，《洛杉矶时报》的朋友给我发来了一则报道，内容是尤里乌斯·舒尔曼的屋子在2009年被拍卖了。”

已故著名摄影师尤里乌斯·舒尔曼在好莱坞山的住宅和工作室以二百二十五万美元的价格售出。这座融合中世纪与当代风格的钢筋结构建筑于1950年建成，设计师是拉斐尔·S. 索

> 里亚诺，现已成为洛杉矶的标志性建筑。买主是畅销书作家、演说家乔纳·莱勒。他的著作《我们如何做决定》（*How We Decide*）已被翻译成多种语言。这位作家非常喜欢经典设计。
>
> ——劳伦·比尔，《洛杉矶时报》，2010年12月4日

“这不公平，”迈克尔说，“我太蠢了。因为他的成功而鄙视他是有点过分，但这确实让整件事变味了。”

※

迈克尔讲完乔纳·莱勒的故事后，又过了几星期，我在伦敦的一个聚会里跟个陌生人聊了起来。他是一位戏剧导演，问我现在在写什么，我说了迈克尔和乔纳的故事。通常，在给别人复述自己正在写的文章时，每当描述被采访者的种种窘态，我总会咯咯傻笑。但这次没有。我讲到这件事的细节时，对方浑身发抖。我发现自己也在抖。故事讲完后，他说：“这是个关于恐惧的故事，对吧？”

“恐惧？”我问。

“害怕被揭老底。”他答道。

他觉得，只要提到“恐惧”，就是在冒险。他的意思是，我们每个人都有些小秘密，类似在“幸亏我不是‘我’”后面擅自添上“幸亏我不是那样”。我们担心秘密一旦被公之于众，自己就会身败名裂。我想，他说得没错。或许那些秘密其实一点都不重要，就算被揭穿也不会有人关注，但我们冒不起这个险。所以，我们会小心翼翼地把它藏起来。它可能是工作上的失职，也可能是担心在重要会议上将真实想法脱

口而出，让自己显得不称职或不正常。我相信，即便是跟最信任的人分享经历的时候，我们也会对这些秘密守口如瓶。

出于对迈克尔的钦佩和认同，我卷进了他和乔纳的故事。迈克尔是公民正义的化身，乔纳则代表了科普界的骗子，在一个充满自我膨胀的领域靠不光彩的手段大发横财。我仍然对迈克尔充满敬意，但戏剧导演提到“害怕被揭老底”的时候，我突然觉得眼前敞开了一扇大门，门那边是永恒的地狱，千千万万像乔纳一样的人在里面痛苦地尖叫。进入新闻界三十年来，我把多少人推进了这个深渊？对乔纳·莱勒这种人来说，那该是多么恐怖的梦魇？

第三章
道德审判的死刑犯

如果你只是路过西好莱坞润宁峡谷（Runyon Canyon）的徒步旅行者，不知道乔纳·莱勒身上发生的事，绝对猜不到他曾被一篇报道毁掉过。他看上去跟作者简介里的照片差不多，眼神和善，气质不凡，就像脑子里装满了高深的思想，在努力用恰当的方式传达给访客，也就是我。只不过，我们谈论的并不是什么高深话题。在会面的最后一小时里，乔纳以近乎失控的声音反复强调："我不该出现在你的书里。"

我则反复告诉他："不，你应该出现在我的书里。"

我不懂他在说什么。我在写一本关于公开羞辱的书，而他最近惨遭公开羞辱。他的故事简直太适合这本书了。

走到一半，他突然停下来，认真地盯着我。"我的故事不适合放在你的书里。"他说。

"为什么？"我问。

"大作家威廉·迪恩·豪威尔斯怎么说的来着？美国人喜欢结局美满的悲剧？"

事实上，威廉·迪恩·豪威尔斯的原话是：“美国公众想在剧场看到的，是结局美满的悲剧。”我觉得乔纳说得已经很接近了。

我来拜访乔纳，是因为他遭受羞辱这件事意义重大。他原本是占据排行榜首位的畅销书作家，现在却因为某个无名小卒的揭发而身败名裂。虽然亲眼见到了惶恐和痛苦在乔纳脸上留下的痕迹，我还是相信公开羞辱的复兴是件好事。看看被它摧毁的都是什么吧：心胸狭隘的《每日邮报》专栏作家、强买强卖的大型健身中心，还有可恶的垃圾程序制造团队。乔纳在短暂的职业生涯里写过一些很棒的作品，真的很棒。但他一而再再而三地利用不光彩的手段，所以揭发他是对的。

但陪乔纳走了一段路后，我开始同情他了。从近处不难看出，他确实受了不少罪。迈克尔说乔纳掩饰真相“是一场经过精心策划的骗局”。但我觉得，他只是慌了神。他在最后一天之所以会那么说，不是因为“冷血”，而是因为万念俱灰。

我飞往洛杉矶跟他会面之前，他在邮件里说：“我实在太惭愧，太后悔了。整个羞辱过程真是太残忍了。”

乔纳对自己前途的预测，跟迈克尔和安德鲁·威利的想法一样。他觉得自己一辈子就这么毁了。想象一下，一个三十一岁的男人，在一个崇尚救赎和改过自新的国家，确信自己的悲剧不可能有美好的结局。我觉得他太悲观了。当然，悔过是免不了的，在荒野里忍一段时间也是免不了的，但在此之后，他还有机会让读者和同行相信，他能够改过自新。他完全可以卷土重来。毕竟，我们又不是怪物。

※

从一开始，乔纳·莱勒就把科普写作视为毕生的追求。他同意见面后，我找到了一篇他十年前接受校刊采访的报道。当时，他二十一岁。

> （他）希望成为科普作家。“科学常常给人一种冷冰冰的感觉，”他说，“我想深入浅出地解释科学，让大家意识到，科学也可以很美。”
>
> ——克里斯汀·斯特林，
>
> 《哥大新闻》（*Columbia News*），2002年12月

这篇采访发表在乔纳获得罗兹奖学金的时候。拿着这份奖学金，他就能去牛津读两年研究生。根据网站的介绍，“每年都会有三十二名美国学生获得罗兹奖学金。学术成就并非唯一的考量标准，还要综合衡量这些学生的品行，以及他们对别人和公益的贡献”。

比尔·克林顿就是罗兹奖学金获得者，宇宙学家埃德温·哈勃和电影导演泰伦斯·马利克也是。2002年，哥伦比亚大学只有两个学生获此殊荣，一个是乔纳，一个是伊朗裔盲人政治家塞勒斯·哈比卜。后者如今在华盛顿州立法机关供职，在美国政界口碑良好。

以罗兹奖学金获得者的身份进入牛津后，乔纳就开始写第一本书了。那本书名为《普鲁斯特是个神经学家》（*Proust Was a Neuroscientist*），核心观点是，神经科学如今所有的重大发现，塞尚和普鲁斯特等艺术家早在一百年前就探索过了。那是一部很棒的作品。乔纳非常聪明，文笔

上佳——这跟墨索里尼让列车准时运行可不是一码事。乔纳在短暂的职业生涯里写过一些不错的原创作品。在《普鲁斯特是个神经学家》之后，还有《我们如何做决定》，最后是《想象》。乔纳的财富大多是通过演讲积累起来的，他在不少我说不上名字的会议上发表过鼓舞人心的演讲，其中包括2011年圣地亚哥的商务沟通国际协会全球大会，丹佛的第八届疯狂学习年会，还有2012年西雅图的高效组织全国大会。

在最后这次演讲中，他讲了一个年轻运动员的故事：一个跳高选手，无论怎么努力，总是把横杆碰掉。其他选手都嘲笑他。他突然一反常规，创造了一种全新的跳高方式，也就是背越式跳高，一举夺得1968年奥运会金牌。乔纳靠演讲赚了上万美元。我觉得他能获得这么丰厚的报酬，是因为传递的信息鼓舞人心。我的演讲风格比较内敛，所以得到的报酬也比较少。

人们常常把乔纳跟格拉德威尔相提并论。马尔科姆·格拉德威尔是《纽约客》作家，著有当代最成功的反直觉科普书《引爆点》（*The Tipping Point*）。乔纳作品的封面跟马尔科姆·格拉德威尔的很像，看上去都像苹果电脑的包装。乔纳一炮而红，连换个工作都能成为新闻：

乔纳·莱勒从《连线》杂志跳槽到《纽约客》

乔纳·莱勒，《普鲁斯特是个神经学家》《我们如何做决定》和2012年新书《想象》的作者，畅销科普作家，辞去《连线》杂志特约编辑的职务，转投《纽约客》旗下，成为特约撰稿人。

莱勒在很多方面都让人想起年轻时的格拉德威尔。人们不禁会觉得，他跟《纽约客》是天生绝配。

——卡洛琳·凯洛格，《洛杉矶时报》，2012年6月7日

仅仅七星期后，在迈克尔文章刊发的当天，乔纳就向《纽约客》提交了辞呈。那个星期天晚上，也就是文章刊发的前一天晚上，他在圣路易斯举办的2012年全球教育会议上发表了一席演讲，主题是人类互动的重要性。根据与会者（也是记者）莎拉·布雷利后来发的推特，乔纳在演讲中指出，Skype诞生后，会议出席率上升了三十个百分点。演讲结束后，莎拉找到他，问这个令人难以置信的数据是从哪里弄到的。“一位哈佛教授告诉我的。”他回答。但当她追问教授的姓名时，乔纳开始含糊其词，“我得问问他能不能告诉你。”她给乔纳留了名片，但一直没接到电话。她并不觉得意外，因为第二天一早他就颜面扫地，引咎辞职了。

接下来的几天，出版方召回了所有已经出版的《想象》，给购买此书的读者办理退款。援引迪伦的话已经足够让乔纳身败名裂了，他不断上升的恐慌情绪更是够了。迈克尔在文章里说，乔纳“先是阻挠，后是误导，最后索性撒谎”。网上的评论栏里到处可见这样的话：“这个无耻的家伙取得了那么多不配获得的成就，看到他现在这个样子，我心里舒畅极了”（来自《卫报》）；“蠢货，把你以前的版税好好存起来吧，因为你马上就用得着了”（来自《纽约时报》）；“满嘴谎话一定是种奇怪的体验”（来自《平板》杂志）。

而在布鲁克林，迈克尔仍在为自己的决定是否正确而苦恼。虽然他很清楚，揭露乔纳的谎言对科普领域来说是正义行为——“我妈妈会说，‘哦，我刚读了一篇东西，你知道X会导致Y吗’。为了达到目

标，你不得不走捷径。”——但安德鲁·威利的话时常萦绕在他心头。或许这还不至于毁掉某个人的一生。

但接下来发生的事更糟糕。《连线》杂志邀请新闻学教授查尔斯·塞费调查乔纳给他们写的十八篇专栏文章。塞费的调查结果是，除了一篇，其余所有文章“都有不符合新闻写作伦理之处”。问题在于，乔纳会在不同的报道里重复同样的话。但这还不是全部。试想一下，如果我在前面引用罗兹奖学金网站的内容时没有注明出处，就构成了通常所说的抄袭和剽窃。乔纳最严重的问题在于，从英国心理学会的克里斯蒂安·嘉瑞特的博客里摘抄了某些段落，却没有说明，直接据为己有。

迈克尔觉得轻松了不少。他告诉我：“腐化已经蔓延到新闻界的每一本书、每一篇文章了。”

乔纳消失了。他的最后一条推特写在公开受辱之前，就像幽灵船玛丽·赛勒斯特号上凝固的食物一样：

> 菲奥娜·艾波的新专辑简直令人惊心动魄，太赞了@stj
>
> @jonahlehrer 2012年6月18日

他无视一切采访请求，只重新露过一次面，明确告诉《洛杉矶杂志》的艾米·华莱士，他再也不会接受采访了。因此，收到他回复的邮件时，我真是吃了一惊。他在邮件里说很高兴和我联系，愿意通过电话或其他方式跟我谈一谈。最后，我们决定去爬好莱坞山。我飞去了洛杉矶，尽管他的最后一封邮件里有些令人意外又不安的话：“我不确定自己有没有做好准备，做案例研究的对象，或是让人录下谈话内容。”

我们在荒凉的山谷里徒步，这似乎挺符合他当下的处境。因为他受到的惩罚就像《圣经》里写的，先是公开羞辱，继而被流放到无边的荒野。不过比喻也只能到这个程度了，因为《圣经》里的荒野上既没有好莱坞影星，也没有遛狗的模特儿。

我们默默地走了一会儿。接着，乔纳又提出了两个我不该写他的原因（之前提到的原因是"美国人喜欢结局美满的悲剧"）。其一，如果我打算在书里表露善意，那么他不配；其二，他警告我："我现在最深刻的感受，就是我有强烈的辐射性。即便别人带着善意接近我，最后也会受到辐射影响。"

乔纳的意思是，如果跟他扯在一起，我会被某种意想不到的方式毁掉。"好吧，我可不会！"我笑道。

"那你还是第一个。"他说。

他这么一说，我忽然感到一阵恐慌。那是一种难以描述的恐惧。不过，我还是努力说服他合作。但我提出的每个理由，似乎都只会让他更痛苦，就像我是海妖塞壬，在用难以抗拒的魅惑歌声引诱他撞上礁石。他说，期待再得到一次机会的那段日子是最糟糕的。当他意识到一切彻底完蛋了，这个教训对其他人来说是必要的警告时，日子反而好过了。

我放弃了。乔纳开车送我回宾馆。在车里，我像打了无数个推销电话一样疲惫不堪，垂头丧气。

突然，乔纳说："我决定公开道歉。"

我抬头看着他："是吗？"

"就在下周，"乔纳说，"在迈阿密，奈特的午宴上。"

约翰·S和詹姆斯·L. 奈特基金会是《芝加哥每日新闻》和《迈阿密先驱者》的拥有者共同创办的，旨在资助天资过人的年轻记者。乔纳说，基金会的组织者要开个会，他受邀在最后一天的午宴后发表演讲。作为数字媒体的拥护者，他们打算在网站上直播这次演讲。

“我写了又写，不断删掉重写，”乔纳说，“你愿意读读看吗？也许等你读完，我们可以再讨论一下，我到底适不适合出现在你的书里。”

※

> 我写过一本讲创造力的书，这本书现在非常出名，因为里面有一些援引鲍勃·迪伦的话是捏造的。我在博客上坦白了。我对一位名叫迈克尔·莫伊尼汉的记者撒了很多谎，掩盖我捏造迪伦原话的事实……

我在飞机上读着乔纳的道歉演说辞。开头很平实，是源于愧疚的坦白。接下来这番话则是源于羞耻和懊悔：

> 我让所有读者失望了，曾经花钱买书的人，现在再也不想把它留在书架上了……

我对他的坦率感到惊讶。我们一起徒步的时候，乔纳坚持不讨论“羞耻”这个话题。只有这样，他才同意接受我的采访。他说，这个话题触及个人隐私。但接下来的一句话清楚地表明，他希望尽快直面羞辱，好把这一页翻过去。这次道歉演讲，显然不同于他以往任何一次演讲。他打算从神经科学的角度解释自己的缺陷。此次演讲的主题，就是乔纳·莱勒这种聪明人特有的缺陷。他拿自己跟联邦调查局法医实验室的科学家做比较，那些人很容易忽略自己的缺点。无辜的人被判定为恐怖袭击的参与者，正是因为那些聪明的科学家：

> 他们是自己大脑的受害者，由于缺陷太严重而完全意识不到存在缺陷。

他举了个例子：俄勒冈州律师布兰登·梅菲尔德被联邦调查局误认为是2004年3月马德里爆炸案的参与者。现场的一包雷管上查出了指纹，联邦调查局探员将其输入数据库，发现跟梅菲尔德的指纹匹配。

> 警探很快发现，梅菲尔德是穆斯林，娶了个埃及移民，曾为一名恐怖分子争取孩子的监护权。

梅菲尔德被扣押两星期后，联邦调查局才发现他的指纹“并不是完全匹配”。事实上，联邦调查局受了“证实性偏见”（confirmation bias）的影响，先入为主地认定梅菲尔德有罪，调查时只关注证实他有罪的信息，不经意中忽略了证实他无罪的信息。经过这次丑闻后，联邦调查局做了改革并严格执行，杜绝此类事件再度发生。如果演讲过后，相同的事能发生在乔纳身上就好了：

> 如果有幸重新捡起笔来，我绝不会把任何未经证实、未标出处的信息放进书里。因为我已经得到了教训：如果不直面一次次失败，不修订初稿，不接受对二稿的批评，交不出经得起

考验的终稿，我就创造不出值得留存的作品。

这是乔纳认为美国人愿意看到的美满结局。我在飞机上看完演讲稿后，一时竟说不出好坏，不知道它会让事情变得更好还是更糟。拿联邦调查局的科学家做例子，实在是扯得太远了，感觉有点避实就虚。乔纳的事跟联邦调查局的事根本不一样。正好我刚刚对“证实性偏见”做过点研究。我同意乔纳的说法，这种偏见很强大，在缺乏正义感的人身上很常见。其实，自从研究过“证实性偏见”，我就发现它无处不在。是的，无处不在！但就连我这样深受“证实性偏见”影响的人都看得出，乔纳其实没怎么受过它的影响。悄悄在鲍勃·迪伦的原话后面加上一句，支撑自己的论点，可不是“证实性偏见”。

所以，我觉得联邦调查局的例子有点站不住脚。不过，乔纳的演讲很可能会像尼尔·戴蒙德的电影《爵士歌王》（*The Jazz Singer*）的结局一样——颜面扫地的犹太教堂领唱，凭借优美的歌声重新获得大家的支持。我发邮件告诉他，我觉得这篇演说辞棒极了。他表示感谢。我问能不能跟他一起去迈阿密，他拒绝了。

※

“我写过一本讲创造力的书，这本书现在非常出名，因为里面有一些援引鲍勃·迪伦的话是捏造的……我对一位名叫迈克尔·莫伊尼汉的记者撒了很多谎……”

乔纳在奈特基金会的午宴上做演讲时，表现得非常冷静。我在家里用电脑看直播。在过去那些给他带来巨大财富的演讲中，他的声音总是抑扬顿挫的。但这一回，他显得有气无力，就像怯懦的孩子当着全班人讲话一样。这是他一生中最重要的演讲。他祈求大家给他一个改过自新的机会。奈特基金会在他身后竖起大屏幕，直播推特的评论，就像他的压力还不够大似的。所有在家看直播的人，都可以通过#infoneeds#的标签在推特上即时评论。评论内容会以硕大的字体同步显示在现场的大屏幕上。有个屏幕刚好处于乔纳的视线范围内。

我看见乔纳的眼神不时投向那里。

喔，乔纳·莱勒一上来就列举了自己的失败和过错。

各位，道歉就该这么做。

在过去的七个月里，乔纳颜面扫地，被人嘲笑，惨遭放逐。他带着永无止境的歉疚和羞愧，以及无法摆脱的痛苦，在洛杉矶的峡谷里踽踽独行。现在，光明就在眼前了。我觉得自己像在见证奇迹。就像垃圾波事件一样，我们清楚什么时候该羞辱，什么时候该停下。直觉提醒我们，对乔纳的惩罚已经到头了，是时候听听他的心声了。

接着，乔纳举出了联邦调查局的例子。

※

“我想给大家讲一个给我带来一丝希望的故事。这是一个改过自新的故事。在职业生涯即将终止的时候，我正在研究这个故事。它和法医科学有关系……”

很快，乔纳和在家看直播的我都意识到，观众对他在法医科学领域的见解毫无兴趣。或许他过去提到这件事，大家还会有点兴趣，但现在绝对不会。

乔纳·莱勒打算靠烦死人让大家原谅他抄袭。

我觉得@jonahlehrer面无表情地公开道歉没啥诚意啊。

实在看不下去@jonahlehrer的道歉，既无聊又没诚意。是时候该干点别的了。

乔纳继续往下说。他谈到在辞职前一个月，曾和行为经济学家丹·艾瑞里聊起“人类的大脑是一台擅长虚构的机器”……

“人类的大脑是一台擅长虚构的机器。”现在说这个就是推卸责任。

拿山寨心理学为自己连山寨心理学作品都写不出找借口。

乔纳·莱勒就是个反社会分子。

事已至此，乔纳还得硬着头皮继续讲二十分钟，然后还有问答环节。

推特上有人说他讲“人类的大脑是一台擅长虚构的机器”是推卸责任，我举双手赞成。但在公开道歉的过程中，某条评论是否合理似乎已经无关紧要了。无数条评论在他眼前飞过。人们发自内心地告诉乔纳，想求得谅解，得到改过的机会，门儿都没有：

@jonahlehrer从这次失败里走出来的唯一方法就是改行。他永远不配当作家。

我一点都不打算原谅他，也不打算读他以后的书。

一个顽固又自恋的妄想狂在夸夸其谈。

乔纳·莱勒的演讲题目应该叫“辨别自欺欺人的蠢货，以及将来如何避开这种人”。

但他不得不硬着头皮讲下去。他别无选择，只能一条路走到底。他用平淡的语气说，希望有一天“我把刚才讲给你们的故事说给女儿听时，已经吸取教训，成了更好的人。更谦虚……”

等等。乔纳·莱勒真的是在记者大会上发表演讲？他们难道找不到一个有话可说又不是骗子的人吗？

乔纳·莱勒生动地展示了当下流行的行为心理学是多么空洞：明明是道德缺陷，偏要归咎于认知偏差。

他似乎一点也不懂什么叫羞耻。

演讲在现场听众礼貌的掌声中结束了。

在评论栏潮水般的谩骂中，间或也有人注意到了大家可怕的冷漠：

呃，乔纳·莱勒在推特直播公众嘲讽的情况下道歉，简直是21世纪的游街示众。

乔纳·莱勒是个活生生的人啊。推特现在让我觉得很不舒服。

乔纳·莱勒确实犯了大错，但在直播评论的大屏幕前公开道歉，好像有点太残忍了，超出了普通的惩罚。

但在有人提出下面这个问题后，这些声音都销声匿迹了：莱勒今天的演讲有报酬吗？

“当然没有了。”我想。

但奈特基金会回答了这个问题。

乔纳·莱勒在奈特基金会的午宴上发表关于抄袭的演讲，所获报酬为两万美元。

要是有人能付我两万美元，让我承认自己是个可耻的骗子，那就好了。

于是，在当天晚些时候：

记者基金会为支付道德败坏的作家乔纳·莱勒两万美元一事道歉。

乔纳发邮件告诉我：“今天真是糟透了，我肠子都悔青了。”

我在回信中对他表示同情。我说，我觉得应该把这两万美元捐给慈善事业。

“做什么都没用了，”他说，“我现在必须现实一点。我根本就不该接受邀请做这个演讲，但现在说什么都太晚了。”

※

“去他的，就连道个歉都得带上愚蠢的乔纳作风。”迈克尔·莫伊尼汉跟我在纽约一家小饭馆里吃饭时这么说。他连连摇头，“这不是道歉，而是格拉德威尔式的扯淡。他进入了自动行驶模式，简直是个机器人：‘我从某位学者那里弄到了这项研究成果。’他说的每句话都证明他不是老实人，就像脑袋被百科全书砸了似的。”迈克尔停顿了一下，“对了！有人给我发了条短信，我觉得他可能想太多了。他指出，乔纳在提到我的时候说‘我对一位名叫迈克尔·莫伊尼汉的记者撒了很多谎’。我真喜欢这句话。对，我明白他的意思，他不是向‘记者迈克尔·莫伊尼汉’撒谎。这可真是高深的文字游戏。‘一位名叫迈克尔·莫伊尼汉的记者。’大家会想，‘这个废物是谁？’”

迈克尔咬了一口牛排。事实上，他挖到了一条很棒的独家新闻。新闻本身造成了轰动，但迈克尔从中得到了什么？推特上的零星赞许，没准能让他多分泌一点多巴胺，但除此之外什么也没有。如果迈克尔和他的朋友不介意受到羞辱的话，两千两百美元和乔纳不动声色的侮辱可能也算是某种收获。

迈克尔摇了摇头：“我一点也没赚着。”

其实，事情比“一点也没赚着”还糟糕。迈克尔发现人们开始害怕他了。记者同行都怕他。我们一起吃午饭前几天，某位惶恐的作家（迈克尔根本不认识）突然向他坦白，自己写的一本传记可能涉嫌抄袭。

“就像我是这种事的裁决者一样……”迈克尔说。

不论迈克尔是否乐意，乔纳身上发生的事已经引起了普遍恐慌。但迈克尔不想成为女巫猎手，让一群作家围在身边忏悔，恳求他宽恕他根本不了解的罪行。

“你回头一看，突然发现自己成了一帮乌合之众的头领，”迈克尔说，“我想问，‘这帮人在这儿干吗呢？怎么跟异教徒似的？我不想跟这些事有任何瓜葛，只想赶紧离开这儿。’”

“真可怕，”我说，“我一直觉得我们在为维护正义而战，但那些人实在是太冷血了。”

人们对乔纳道歉的回应非常冷血，这让我困惑不已。推特用户就像是应邀参演法庭剧，还能自由选择角色一样。所有的人都选择扮演爱判绞刑的法官。或许情况还会更糟糕——所有的人都选择扮演在鞭刑现场用污言秽语辱骂罪犯的人。

“我看到人们戳了乔纳一刀又一刀，”迈克尔说，“我只想说，‘他已经死了’。”

※

第二天，我从纽约驱车前往波士顿的马萨诸塞州档案馆和马萨诸塞州历史学会。亲眼见证公开羞辱的残暴后，我很想知道为什么这种惩罚方式会在19世纪被取缔。我猜想（我觉得大多数人都会这么想）是因为人口从乡村迁往了城市。当众受辱的人，只要等行刑结束，就可以销声匿迹。羞辱丧失了原有的作用，也就不再是羞辱了。我猜得对不对呢？

我把车停在马萨诸塞州档案馆外面。这家档案馆位于河边，紧挨着肯尼迪总统图书馆和博物馆，外墙由石板筑成，颇具野兽派风格。档案馆里存放着缩微胶片，记录了最早的清教徒移民手抄的法律文件。我坐下来，仔细翻阅这些胶片。据我了解，在最初的一百年里，美国发生的大事不过是纳撒尼尔家族的某些人买下了河边的某块地。细长的字母堆积在泛黄的纸张上，看得人头晕脑涨。他们当时真该多花点时间分段，而不是把时间都浪费在写花体字的“f”上面。我开始加速，一目十行。短短几秒，几十年的记录就翻过去了。突然，我发现了美国早期的一起羞辱事件。

此事发生在1742年7月15日。一个名叫阿比盖尔·吉尔平的女人，在丈夫出海期间，被人发现“跟一个名叫约翰·拉塞尔的男人赤身裸体躺在一起”。他们都被判处“当众鞭打二十下”的惩罚。阿比盖尔请求从宽处理。她不是请求取消鞭刑，而是向法官求情，说“在人家面前受刑实在太可怕了，求您可怜可怜我的孩子们，他们无力拯救母亲不幸的堕落”。

文件没有记录法官是否同意了她的请求，但我又发现了一份布道书的手抄本，可以用来解释她申请私下执行鞭刑的原因。布道书的作者是康涅狄格州哈特福德的内森·斯特朗牧师，他恳求教众不要太热衷于死刑：“不要带着愉悦的心情前往那个恐怖之地，因为死神就在那里！裁决与审判就在那里！以最恐怖的形式展示的政府权力也在那里……抱着看热闹的心态围观死去的人，既无人性，也不虔敬。”

吃完午饭后，我来到几英里外的马萨诸塞州历史学会。它位于博伊斯顿大街，是一栋气派的老式联排别墅。我想起飞往洛杉矶之前，乔纳在邮件里说过："整个羞辱过程真是太残忍了。"我想了想"羞辱过程"这个词的含义。它或许会让受辱者相信，惩罚是个周密的过程，而不是随意为之。如果你马上就要被人毁掉了，你起码希望那个人知道自己在做什么吧。好吧，或许有些人没那么敏感，不在乎自己受辱是不是按顺序，但我觉得乔纳是那种重视过程、一心只想引人注目的家伙。

事实证明，公开羞辱曾是个"过程"。我在马萨诸塞州历史学会找到了一本讲特拉华州法律的书。该书记载，如果乔纳在19世纪被认定"撒谎或散布虚假消息"，将被判处"罚款，戴枷锁不超过四小时，或当众鞭打不超过四十下"。如果法官选择鞭刑，当地报纸会详细描述受刑者的痛苦。例如，《特拉华州人》（*The Delawarean*）就对1876年的一次鞭刑做过如下报道："拉什和海登在行刑过程中一直拼命扭动，背后血肉模糊。"如果人们觉得行刑者手下留情，评论就会变得异常尖刻。特拉华州的《威明顿每日商报》（*Wilmington Daily Commercial*）在1873年一次令人失望的鞭刑后是这么说的："旁观者议论纷纷。很多人都说，这次行刑近似儿戏。紧接着，出现了不少醉酒打闹事件。"

最常见的推断是，公开行刑之所以在新兴的大城市里逐渐消失，是因为人们觉得这种惩罚方式效果不明显。每个人都忙于工作，没闲心也没时间挤在人堆里看罪人受罚。但根据我发现的文件，根本不是这么一回事。公开行刑被取消不是因为没效果，而是因为太残忍。

早在1787年3月，就出现了抵制公开羞辱的运动。美国开国元勋本杰明·拉什发表文章，呼吁将手枷、脚镣和公开鞭打等刑罚定为非法：

> （当前）公开羞辱普遍被视为比死刑还糟糕的刑罚。但它

曾被视为比死刑还要温和，这实在是有点奇怪。我们难道不知道，人类只有在铸成大错后才会幡然醒悟。

如果你觉得拉什心太软，我可得说明一下，他虽然不赞成公开羞辱，但提议把罪犯带到单独的房间里，避开公众的视线，再进行“体罚”。

为了确定体罚的性质、程度和持续时间，我们需要了解“感受”和“同情”在神经系统中的运作规则。

——本杰明·拉什，《论公开行刑对罪犯和社会的影响》（*An Enquiry into the Effects of Public Punishments Upon Criminals and Upon Society*），1787年3月9日

拉什发表这篇文章五十年后，公开行刑就被取消了，只剩特拉华州还在固执地沿用，一直坚持到1952年（所以，我摘录的特拉华州鞭刑报道是19世纪70年代发表的）。

《纽约时报》对特拉华州的顽固感到困惑，在1867年的一篇社论中试图说服他们做出改变：

如果说（被定罪的人）胸中尚有一丝尊严的火花，那么公开羞辱便会使之彻底熄灭。如果心中没有对永恒的渴望，没有改过自新、成为优秀公民的愿望，不觉得未来还有希望，没有哪个罪犯能改邪归正。因盗窃罪在纽卡斯尔（特拉华州公开执行鞭刑的场所）接受鞭刑的十八岁男孩，十有八九会走向毁

灭。他的自尊遭到践踏，众人的讥讽会铭刻在他的脑海里。他不但会感到迷失，还会觉得被同胞抛弃了。

——引自《红色汉娜：特拉华州的鞭刑柱》（*Red Hannah: Delaware's Whipping Post*），罗伯特·格拉哈姆·卡德威尔，宾夕法尼亚大学出版社，1947年

2013年2月12日，乔纳·莱勒站在推特直播屏幕前，或许感受到了18世纪人们心目中的“恐怖”。

我离开马萨诸塞州历史学会，掏出手机，在推特上问：“推特已经变成私设公堂了吗？”

“不是私设公堂，”有人回复得很简练，“推特还是没法判刑，只是评论而已。不过，乔恩，我们跟你不一样，靠这个赚不到钱。”

他说得对吗？我觉得这个问题有必要回答，因为似乎没有人考虑过，自己刚刚羞辱的人是还能挺住，还是彻底被毁。我认为，当人们操纵“遥控无人机”发起攻击时，没有人会思考“火力”有多大。小雪花永远不会觉得自己需要对大雪崩负责。

※

莱勒将自己置于公众的拷问下，目的是告诉全世界，他准备回归新闻界。大家应该相信他，因为他现在学到不能过于自负了。他唯一证明的，就是他不像其他人一样喝得醉醺醺的。如果他能弄清为什么会这样，那肯定是篇值得发表的神经科学

报道。

——杰夫·贝尔科维奇，《福布斯》杂志，

2013年2月12日

我曾经给莱勒鼓劲，让大家别恶意评论，还好心建议他把这两万美元捐给慈善事业……今天下午，我终于通过电话联系上了他。“无可奉告。”他对我说。我请他至少说说会不会留下这笔钱。“我读过你的文章，我跟你无话可说。”说完，他便挂了电话。

——杰夫·贝尔科维奇，

《福布斯》杂志，2013年2月13日

“我还是不确定我能给你什么……”乔纳的声音很微弱。他从洛杉矶家中给我打电话。

“那两万块钱……”我说。

“完全是个误会，”他说，“我没要这笔钱，是他们主动塞给我的。我的意思是，你还想知道别的什么吗？我……”乔纳停顿了一下，“你瞧，我也有账单要付。我已经七个月没赚一分钱了。我以前过得很好，赚的钱也多。突然一下子，一分钱都没有了……”

最后，乔纳还是同意了接受我冗长的采访。他听起来精疲力竭，就像钻进了外星人设计出来测试人类抗压能力的涡轮一样。对一个聪明人来说，从收到迈克尔的第一封邮件开始，他做的每件事都很失策。他就像个被戳破的气球，没头苍蝇似的到处乱撞，疯狂地对迈克尔撒谎，直到深陷当代最恐怖的公开羞辱事件。

“有个朋友转给我一篇博文，作者是芝加哥大学（其实是宾夕法尼亚大学）的杰瑞·科因，”乔纳说，“他人挺不错，我采访过几次。他写了一篇关于我的博文，说我是反社会分子。”

> 我觉得莱勒有点像反社会分子。是的，悔悟只是装出来的假象，是为了让轻信的公众（就像兰斯·阿姆斯特朗事件里的那样）相信他们能改过自新。而莱勒连看上去有诚意的道歉都懒得做。随你们怎么说，如果我是杂志编辑，永远也不会雇用他。
>
> ——杰瑞·科因，引自richardbowker.com，2013年2月18日

“我想起了你，”乔纳说，“我想，乔恩会觉得这是个有趣的问题。毕竟，他跟我一起待了这么久。也许我确实是个反社会分子。”

这个问题并没有使我感到惊讶。自从我出了一本讲精神病患者的书，很多人都问我，他们自己（或他们的老板、前男友、兰斯·阿姆斯特朗）是不是其中之一。也许乔纳确实觉得自己是其中之一，但我不这么想。我觉得他也知道自己不是，谈起这个是另有所图。学者不应该空口无凭地认定某个人是反社会分子。杰瑞·科因这么做太蠢了。乔纳是想跟我一起骂骂他。通过侮辱另一个人，他或许能找回点自尊。乔纳的状态已经糟到不能更糟了，所以我很乐意顺着他的意思说，他看上去不像是没有良知的人。

“谁知道良知是什么啊，”乔纳说，“如果有良知就意味着活在充满悔恨的世界里，那么好吧，我有良知。每天早上醒来，我第一个想到的就是自己做的错事。这句话有点自怨自艾，你最好别引用，不过事实

就是这样。”

“如果我觉得这句话很重要，能引用吗？”我问。

乔纳叹了口气：“我的意思是，这取决于你怎么用了。最好还是别用吧。”

我最后还是引用了，因为这句话很重要，我想让那些觉得乔纳没有良知的人看看。

“各种各样的悔恨耗尽了我的精力，”乔纳继续说，“我觉得对不起自己爱的人，对不起妻子，对不起兄弟，对不起父母。这种感觉时时刻刻萦绕在我心头。我的社会地位也没了，热爱的事业也没了。好不容易熬过去了，我再也不会……”他的声音越来越微弱，“生命很短暂，我给自己爱的人带来了巨大的痛苦。我不知道该怎么形容这种感受，应该就是懊悔吧。我心中充满懊悔，它没有随着时间的推移而消失。那是一种没有止境的痛苦。”

电话那头传来了乔纳小女儿的啼哭。我们谈到了导致他杜撰迪伦引言的“滑坡效应”（slippery slope）。一切都始于自我抄袭，也就是把以前写的东西重新用在其他报道里。我告诉他，我不觉得这么做是罪大恶极。“歌手弗兰克·辛纳屈还唱过好几次‘我的方式’（My Way）呢。”

“自我抄袭应该被视为警告，”乔纳说，“它预示着后来发生的事。如果我需要重复利用自己写的东西，那当初何必要写那篇博文？你瞧，我们可以探讨其中的道德问题。我听过很多相关的讨论，但当时并不觉得有错。如果我一开始就觉得有错，肯定会想方设法掩盖。”他停顿了一下，“应该有个巨大的闪光警示牌提醒我：‘你变粗心了。’我在寻找捷径，而且没有意识到，寻找捷径已经成了习惯。我为此找借口，说自己太忙了，而不是选择悬崖勒马。”

“如果你悬崖勒马，还会做错事吗？”我问。

“我既野心勃勃，又没有安全感。”乔纳说，“我总觉得自己会昙花一现，先是名噪一时，继而被人遗忘。所以，我得抓住时机，孤注一掷。这是一种根深蒂固的思维方式……这听起来怎么像是我在跟心理医生剖析自己……危险而不计后果的野心。不安加上野心，你就没法对一些事说‘不’了。然后，有一天，你收到一封邮件，说你引用迪伦的话里有四处（其实是六处）既说不通，也找不到出处。你突然意识到，这几句话是自己三年前写新书策划案时编出来的。你太懒又太蠢，都没检查一下。我只希望，非常非常希望，当时有勇气给那本书做一次事实审查。但做过的人都知道，那可不是件有趣的事。故事越看越平淡无味。你还得抓出自己所有的错误，无论有意还是无意犯下的……”

“所以你忘了书里有编造的引言？”我问。

“‘忘了’对我来说太客气了，”他回答，“我不愿意想起来，所以什么也没做。我写得挺好的，何必检查呢？”

“所以你粗心了？”

“我不想只赖自己粗心，”他说，“我既粗心又不老实，既粗心又撒谎，为了掩盖粗心而撒谎。”

我之前想过，告诉乔纳演说辞很棒，或许不是个好主意。其实，那篇稿子我在飞机上足足看了三四遍，因为他写得真是挺晦涩的。我不知道是因为自己注意力不够集中，还是因为乔纳的措辞太过深奥。但和所有记者一样，我热爱独家新闻，因为独家新闻可以让你远离失败。我觉得，只有说演说辞很棒，他才可能接受我的采访。

“我真的很努力了，”乔纳说，“我演讲的时候盯着直播屏，看大家的推特评论……有人说，拿联邦调查局做类比是世界上最糟糕的事。但我不是在耍花招，这是我理解世界、思考问题的方式。显然，这么做是个错误。但是……”他的声音渐渐弱了下去。

“那个直播屏！”

“我在试着道歉，想看看大家有什么反应……我不知道自己能不能撑下去。我觉得必须屏蔽掉一些情绪才行。”

“你印象最深刻的推特评论是哪条？”

“不是那些污言秽语的恶意评论，因为它们很容易忽略掉，”他说，“我最难忘的是那些含沙射影的评论。”

“比如什么？”

“我不想说……”

乔纳说，他不知道自己的道歉为什么让大家如此愤怒。我说，可能是因为这次道歉和他过去演讲的风格太相似了。人们期待看到他做出改变。由于不用担心遭到报复，观众可以随心所欲地把他设想成不知羞耻的怪物。

“他们不想看你理智应对，”我说，“只想看你情绪爆发。如果你能更感性一点，他们可能会支持吧。”

乔纳叹了口气。“那么做也许是更好，”他说，“但我不想在讲台上耍心眼。这不是我想跟全世界、跟推特上所有人分享的事。我不想谈这件事怎么毁了我。这是我需要自己面对的，也是我爱的人会帮我面对的。但我不想在网络直播的演讲里谈到这些。”

“为什么呢？”我问。

“哦，天哪，我不知道，”乔纳说，“你会这么做吗？”

“我觉得会。这或许意味着，我比你更有可能熬过去。”

“那么，乔恩·罗森的道歉演讲应该是什么样子？你会怎么说？”

“好吧，我会说……嗯……我……大家好，我是乔恩·罗森，我想公开道歉，因为……”我的声音渐渐弱了下去。我会怎么说呢？我清了清嗓子，“希望每个人都能知道，我真的很难过……”

乔纳耐心地听着。我停了下来。虽然只是假装道歉，但我已经觉得不堪重负了。更别提这还只是开场白了。

“这是我最可怕的噩梦。”我说。

“是啊，也是我的。”

※

四个月过去了，寒冬变成了初夏。出人意料的是，安德鲁·威利突然在纽约出版界活跃起来，到处发送乔纳·莱勒的新书策划案。那本书名叫《关于爱情》（*A Book About Love*）。策划案很快就流进了《纽约时报》手里。乔纳在其中描述了自己“收到电话留言时的战栗”。

> 我被揭穿了。我抱着垃圾桶吐了一会儿，然后哭了起来。为什么我会哭？因为我为掩饰自己的错误撒了谎，被人抓住了把柄。很显然，二十四小时内，我就会掉进深渊。我会丢掉工作，声名狼藉。我个人的耻辱将呈现在公众面前。

乔纳离开圣路易斯回到洛杉矶时，外套和衬衫上“沾满了汗水和呕吐物”：

> 我打开前门，脱下脏衣服，伏在妻子肩头哭了起来。妻子很关心我，同时也很困惑：我怎么会这么粗心？我不知该怎么回答。
>
> ——乔纳·莱勒的新书策划，《纽约时报》，2013年6月6日

纽约媒体都表示，他们不关心乔纳的痛苦。“对这位忍不住抄袭的老兄来说，用‘垃圾桶’这个老梗实在太可笑了。”高客传媒的汤姆·斯柯卡写道，“很简单，你要么提供呕吐的具体时间地点，再找两个目击证人，要么还是省省吧。”

紧接着，又发生了一件出人意料的事。《Slate》杂志的丹尼尔·英格博宣称，他花一天时间检查了乔纳的策划案，发现了抄袭的痕迹。

乔纳不会真的这么粗心吧？

认真读过英格博的文章后，我觉得事态并不是很明朗。“在谈到怎么才能拥有美满婚姻的一章里，”英格博写道，“有些地方可能抄袭了一篇不久前发表的同题材文章，作者是莱勒在《纽约时报》的前同事亚当·高普尼克。”

高普尼克：1838年，达尔文首次想到婚姻，写下了一系列探讨婚姻的文字，就像做科学研究一样列出了婚姻的利弊……根据他的总结，婚姻的好处包括得到一个“永恒的伴侣和老去后的朋友”。此外，他还提出了一个让人印象深刻的理由，那就是一个妻子“总比一条狗好”。

莱勒：1838年7月，查尔斯·达尔文在做科学研究的笔记本上探讨

了婚姻的可行性。他很快列出了一个清单，分析了“结婚”和“不结婚”的理由。婚姻的好处很简单：可以生孩子（“如果这么做能让上帝满意的话”），被人照顾有益健康，可以享受“永恒的伴侣（老去后则成了朋友）”带来的乐趣。此外，“一个妻子总比一条狗好”。

高普尼克：达尔文夫妇的结合几乎可以说是理想婚姻。

莱勒：这对一段关系来说可能不是个良好的开端，但达尔文夫妇的结合可以说是理想婚姻。

还有一些类似的段落。英格博不太确定这是否构成抄袭，“可能他修改了语句，刚好不构成抄袭”，也可能两人有同样的资料来源。“莱勒在注释中指出，此处参考了德斯蒙德和摩尔1991年出版的《达尔文传记》第661页。欢迎拥有此书的朋友查证”。

但即使这不是抄袭，英格博还是“确信莱勒狗改不了吃屎，为达目的不择手段，会不断炒冷饭，新瓶装旧酒”。

在我看来，无论乔纳是否承认犯过某些错误，他都赢不了。不过，《关于爱情》即将由西蒙舒斯特公司出版，上市时间跟我这本书差不多。我们很快就能知道，这本书能否带给他救赎。

第四章
伸张正义的耻度

接下来的几个月，一切照常。每天都有人因为在推特上跟自己的数百名粉丝开不合时宜的玩笑被彻底毁掉，其中一些人还是拖家带口的！我在饭馆和机场的咖啡店里跟他们见面。他们神情恍惚，活像穿着正装的活死人。这种事很常见，即使当事人贾斯汀·萨科三星期之前还跟迈克尔·莫伊尼汉在同一幢大楼里工作，也不足为奇。三星期之前，萨科在经过希思罗机场时，发了一条后果很严重的推特。

那是2013年12月20日。前两天，她对假期旅行开了些刻薄的玩笑，发在推特上给一百七十名粉丝看。她就像社交媒体上的萨利·鲍尔斯[1]，颓靡，轻浮，对日益紧张的政治局势浑然不知。坐飞机从纽约出发时，她发了个德国人的笑话："奇怪的德国佬：你们坐在头等舱里。现在都2014年了，喷点香水吧。也就是说，我闻到了狐臭。感谢上帝赐予我们药物。"在希思罗机场停留时，她又发了一条："辣椒——黄瓜三明治——蛀牙。回伦敦了！"还有最后一条："要去非洲了。希望我

① 萨利·鲍尔斯，1972年拍摄的电影《歌厅》（*Cabaret*）里的女主角，一家俱乐部的舞女。

别染上艾滋病。只是开玩笑啦，我是白人！”

她自己觉得蛮好笑，就点了“发送”。她在机场附近转了半小时，偶尔看一眼推特。

“什么都没有，”她告诉我，“没人评论。”

我猜她当时可能有点郁闷，因为没人给她的搞笑点赞，甚至压根无人理睬。她登机了，那是长达十一小时的长途旅行。她睡了一觉。飞机着陆后，她打开手机。一个高中毕业后再也没联系过的同学给她发了条短信：“看到发生的事，我很难受。”

她觉得莫名其妙。

“接着，我的手机就被短信挤爆了。”她说。

三星期后，我们在她选定的地点，纽约的一家小餐馆里进行了下面的对话。巧的是，迈克尔也选了这里跟我讲乔纳的故事。它成了我收集“毁掉一生的故事”的餐馆。但这并不是个巧合，因为这家饭馆离他们工作的大楼很近。迈克尔因为做了乔纳的独家新闻，接到了《每日野兽》（*Daily Beast*）伸出的橄榄枝。而贾斯汀在杂志出版方IAC公司的公关部工作，办公室就在迈克尔的楼上。这家公司还拥有视频网站Vimeo、约会网站OkCupid和Match.com。她之所以选这个地方见面，还穿着看上去很昂贵的工作服，是因为她下午六点就得清空办公室。

她在开普敦机场的跑道边坐下，看到了第二条短信：“马上回电！”这来自她最好的朋友汉娜。“你现在是推特热搜的头条了。”

于是，贾斯汀瞄了一眼推特主页。

鉴于@JustineSacco令人作呕的种族歧视言论，我要向@Care Today[①]基金会捐款。

@JustineSacco是怎么找到公关工作的？她对种族主义的无知都能上福克斯新闻。谁都有可能感染#艾滋病#！

我对贾斯汀·萨科这种恶心的种族歧视言论没什么可说的，震惊不足以形容我此时的感受。

我是IAC的员工，我希望@JustineSacco再也不要以我们公司的名义做任何事。

大家都来举报这个婊子@JustineSacco。

就连IAC的老板也发表了评论："这是简单粗暴的攻击言论。该员工此刻在国际航班上，暂时无法联络。"

@JustineSacco的意外事故让我很吃惊。全世界都知道了，她却"还在飞机上"。

我唯一想要的圣诞礼物就是看到她飞机落地后打开手机时的样子。

伙计们，@JustineSacco的飞机落地后，她会经历有生以来最痛苦的一次开机。

@JustineSacco的飞机好像还有九分钟就抵达了，等着看好戏吧。

我们马上就能看到@JustineSacco这个婊子被炒鱿鱼了。实时的哦。她还不知道自己已经被炒了呢。

当她惊恐地删掉了原来的推特后，有人发了条"不好意思，@JustineSacco，你那条推特会永世长存的"。

根据Buzzfeed网站的统计数据，类似的评论有十万条。直到几星期

① Care Today是一家关注健康和医疗的基金会。

之后，还有人在说："伙计们，还记得贾斯汀·萨科吗？#贾斯汀有没有着陆#上帝啊，这真是太棒了。数百万人都等着她着陆。"

我问过一个车祸幸存者，车祸发生时是什么感觉。她说，最让她觉得毛骨悚然的是，汽车前一秒还是她的朋友，为她服务，完美贴合她的身体，一切都是那么舒适奢华，后一秒就变成了可怕的武器，让她觉得像被锁在中世纪刑具"铁处女"里一样。原来的好友变成了最可怕的敌人。

多年以来，我和很多一生被毁掉的人面对面交谈过。通常来说，毁掉他们的是政府、军队、大企业，或者像乔纳·莱勒一样是自己（仅就乔纳这件事来说，至少最开始是这样的。他公开道歉后，公众也加入了战团）。贾斯汀·萨科似乎是我采访过的第一个被公众毁掉的人。

※

谷歌有个关键词广告功能，可以告诉你某个名字在某个月被搜过多少次。2013年10月，贾斯汀的名字被搜过三十次。2013年11月，她的名字也被搜过三十次。但在12月20日到12月底这短短十一天里，她的名字被搜了一百二十二万次。

推特用户@Zac_R在开普敦机场蹲守了很久，拍下贾斯汀的照片放到网上。"看，@JustineSacco已经抵达开普敦国际机场，戴了副墨镜做伪装。"

她发出那条推特三星期后，《纽约邮报》竟跟踪她进了健身房。还有媒体翻遍了她的推特，寻找更耸人听闻的言论。

有史以来最经典推特奖属于……“昨晚我做了个跟自闭症儿童有关的小黄梦。”（2012年2月4日）

——“贾斯汀·萨科悔不该发的十六条推特”，

Buzzfeed，2013年12月20日

贾斯汀告诉我，这是她第一次跟记者谈起此事。她特别苦恼，觉得自己太不明智了：“作为公关宣传人员，我不知道自己会不会建议客户出现在你的书里。我很紧张，害怕开诚布公后会遭到攻击。但我觉得有必要这么做，希望有人能懂得我眼下的处境有多疯狂。”

她说处境很“疯狂”，是因为“只有疯子才会觉得白人不会得艾滋”。这是她坐下来后对我说的第一句话。“我实在无法想象，竟然会有人从字面理解我开的玩笑，这简直是疯了。我知道有些讨厌鬼不喜欢别人，总是很刻薄，但我不是这种人。”

贾斯汀大概在飞机上待了三小时，我的推特主页上就出现了大量转发。她当时也许正在西班牙或阿尔及利亚上空呼呼大睡吧。刚开始，我觉得挺兴奋：“看啊，有人马上要完蛋了！”接着，我开始思考，羞辱她的人肯定是被“群体性疯狂”或某种类似的东西驱动着。这条推特既不是特别好玩的笑话，也不是种族歧视言论，而是对“白人特权”的一种自我反省。我们往往天真地认为，可怕的事不会发生在自己身上。这是真的吗?

“这是一个关于现存状况的玩笑，”贾斯汀说，“这种现象在后种族隔离时期的南非真实存在，只是我们从来没有注意过。这和艾滋病统计数据完全不搭边。不幸的是，我既不是动画片《南方公园》（*South*

Park）里的角色，也不是喜剧演员，没资格在公众平台上用一种政治不正确的方式评论这种传染病。总而言之，我既不想提高人们的艾滋病防范意识，也不想惹恼全世界的人，或是毁掉自己的生活。对生活在美国的人来说，谈论第三世界有时会比较敏感。我只是开了个玩笑啊。”

刚巧，我在《卫报》专栏里也开过类似的玩笑，不过更搞笑一些。有一次我飞往美国时，接受了“二次审查”（当时，有个在逃的黑手党杀人犯的名字听起来很像乔恩·罗森）。我被带进一间拥挤的接待室，被告知在此等候。

> 到处都有这样的标识：“严禁使用手机。”
>
> 我相信他们不会介意我看短信的。我的意思是，毕竟我是白人嘛。

这个笑话比贾斯汀的有趣一些，措辞也更恰当一些。而且，我没有冒犯艾滋病患者，不大可能让人觉得不爽。但我突然觉得有了一种电影《猎鹿人》（*The Deer Hunter*）里参加俄罗斯轮盘赌[①]的感觉：男主角克里斯托弗·沃肯把手枪对准自己的脑袋，大叫一声扣下扳机，枪却没有响。有那么多人觉得贾斯汀是种族主义者，她从很大程度上说是咎由自取。她自嘲用的措辞太不恰当，使推特上的形象显得尖酸刻薄。但只需要多看几秒钟，就不难领会她真正想表达的东西。羞辱她的人里面，肯定有人是出于某种原因故意曲解的。

---

① 俄罗斯轮盘赌是一种残忍的赌博游戏。在左轮手枪的六个子弹槽里放入一颗或多颗子弹，随意转动后合上转轮。参与者轮流把枪对准太阳穴扣动扳机，中枪者及中途放弃者为输家，坚持到最后的人为赢家。

“现在全世界都误解我，我完全无法理解，”贾斯汀说，“他们用我的名字和照片造出一个人，说那就是贾斯汀·萨科，还给她贴上了种族主义者的标签。我担心万一明天出车祸失忆，醒来后上网搜自己的名字，会以为那才是真正的我。”

我忽然想起了垃圾波团队那件事，想起了自己当时憋屈的感觉。他们扭曲我的人格，把我变成刷屏的吃货，让陌生人相信那就是我，我自己却对此无能为力。贾斯汀跟我的遭遇一样，只不过我被当作吃货，她被当作种族主义者。有五十个人误认为我是吃货，有一百二十二万人误认为她是种族主义者。

人们通常认为记者勇敢无畏，相信我们会把不公正踩在脚下，根本不害怕疯狂的暴徒。但贾斯汀向我述说这段经历时，我们都觉得这件事很可怕。她告诉我：“就连‘我们可以把贾斯汀·萨科的事先放放’这样的推特，下面的评论都是‘我绝不会支持她的言论’。”

> ……尽管她的表述充满恶意，但确实存在某些特殊情况，虽不至于成为她的借口，却可以在某种程度上为她开脱。尽管她的玩笑令人作呕，但恶意满满的歧视言论跟不合时宜的故作幽默还是有区别的……
>
> ——安德鲁·华伦斯坦，
>
> 《同情这位推特上的恶魔》，2013年12月22日

安德鲁·华伦斯坦比大多数人都勇敢。但即便如此，这读起来仍然像是传统媒体在对社交媒体说：“别伤害我。”

贾斯汀发表了道歉声明。她中止了南非之旅，“这是出于安全方面的考虑。我只要一露面，就有人威胁要袭击我住的酒店。据可靠消息，没人能保证我的安全”。网上疯传她是四十八亿美元的继承人，父亲是南非矿业巨头德斯蒙德·萨科，我信以为真了。跟她共进午餐时，我顺口提起这个，她一副难以置信的样子。

“我是在长岛长大的。”她说。

“不是在《了不起的盖茨比》那样的庄园里长大的？”

“不，”贾斯汀说，“我妈是单身母亲。她是个空姐，我爸是卖地毯的。”

（她后来在邮件里告诉我，她“在单亲家庭长大，妈妈是空姐，还做着兼职。我二十一二岁的时候，她再婚了。我继父家境富裕。我Instagram上好像有张照片是我妈的轿车，让人觉得我生在富贵人家。这或许更让人确信我是个被宠坏的孩子。我也不知道，只觉得应该把这些事告诉你”。）

几年前，我采访过爱达华州白人至上主义团体“雅利安国”（Aryan Nations）里的一些人，他们相信彼尔德伯格集团（政界和商界领袖每年召开的秘密会议）是犹太人的阴谋。

“怎么会是犹太人的阴谋？里面一个犹太人也没有啊。”我问他们。

“他们可能不是真正的犹太人，”有个人说，“但他们……”他停顿了一下，“……很像犹太人。”

显然，在“雅利安国”看来，你不是犹太人也可以被视为犹太人。同样的情况在推特上也适用：人们认定贾斯汀·萨科是生在富贵人家的种族主义者，尽管她既不是富家小姐，也不是种族主义者。但那些都不重要，只要她看起来像这种人就够了。

她家是非洲民族会议（ANC）的支持者。贾斯汀从开普敦机场回到家后，姨妈对她说的第一句话就是："这不是我们家的立场。但因为你跟我们的关系，整个家族都蒙羞了。"

说到这里，贾斯汀哭了起来。我坐在那里，默默地看着她，然后试着说了些鼓励的话，让她振作起来。

"有时候，事情得发展到很残忍的地步，人们才会发现自己做了些什么，"我说，"你可能就是残忍的底线。"

贾斯汀抹了把眼泪，说："哦，我从没想过自己对社会做的贡献，竟是成为残忍的底线。"

贾斯汀的一个好朋友走过来，在她身边坐下，同情地看着她，压低声音对她耳语了几句。

"哦，你认为我会对此感激老天吗？"贾斯汀说。

"对，你会的。"那个女人说，"你走的每一步，都是为接下来一步做准备，特别是你没有意识到的时候。我知道你现在还体会不到。没关系，我懂的。但想想看，你真的在做梦寐以求的工作吗？"

贾斯汀看着她："我觉得是。"

※

我收到了一封来自高客传媒记者山姆·比德尔的邮件，对贾斯汀的猛攻很可能是他起的头。贾斯汀的一百七十名粉丝里有人把那条推特转给了他，他又转给了自己的一万五千名粉丝。事情也许就是这么传开的。

“她是公关部门的主管，让整件事变得很有意思，”他在邮件里说，“能抓住IAC公司高管发的一条种族主义推特，简直太妙了。这事刚好发生了。如果再来一次，我还会这么做。”

山姆·比德尔的意思是，贾斯汀罪有应得，因为她是种族主义者，因为攻击她是伸张正义。他们铲除了一位媒体精英，维护了自罗莎·帕克斯[①]以来的民权传统，长期受种族主义者压迫的沉默者开始反抗了。但我觉得这些全是胡扯。如果说攻击贾斯汀·萨科是伸张正义（我觉得并非如此，因为她只是个名不见经传的小公关，推特上才一百七十个粉丝），那么当她被击倒在地后，攻击反倒更猛烈了。而从乔纳·莱勒在推特直播屏前乞求谅解的那一刻起，攻击他也算不上是伸张正义了。

一个人被毁掉了。这是为了什么？只是为了在社交媒体上演好戏？我认为人类的天性倾向于安安稳稳地活着、变老和死去。但社交媒体出现后，每天都上演着连台好戏。每天都会出现新的英雄或反派。这些东西确实激动人心，但普通人的生活真是这样吗？是什么让我们如此激情澎湃？我们又能从中得到什么？

我看得出，山姆·比德尔也很吃惊。这就像你扣动扳机时，会感觉到强烈的后坐力一样。他很“惊讶”贾斯汀这么快就被毁掉了：“我从没盼着炒谁的鱿鱼，当然也从没想过毁掉谁的一生。”但在邮件结尾的地方，他表示“就算她现在还没振作起来，最后也会没事的。人们的关

---

① 罗莎·帕克斯，美国黑人民权运动的先驱，因乘公交时拒绝给白人让座，引发了一系列黑人民权运动。

注时间长不了，第二天就会去关注新的热门话题了”。

※

那天晚上，贾斯汀结束跟我的谈话后，回到原来的办公室收拾东西。刚一走进大楼，她就崩溃了，眼泪止不住地往下掉。后来，我们又聊了一次。我告诉她，山姆·比德尔说她现在可能已经走出低谷了。我确信他只是个爱逞口舌之快的普通网友，不是故意说风凉话。谁在乎她最后会怎么样呢？无论驱使我们这么做的是“群体性疯狂”还是别的什么东西，没有人愿意放弃这么做的快感，承认有人要为此付出代价。

“我还是不太好，”贾斯汀说，“我真的很痛苦。我本来有份好工作，热爱工作，也获得了很多荣誉，但现在都被夺走了。每个人都乐于看到这个结果。最初的二十四小时，我哭得都要虚脱了。那是别人没法体会的痛苦。你睡不着，即使睡着也会在半夜惊醒，不知自己身在何方。你忽然不知道该做什么了。你不再有日程安排，不再有……”她停顿了一下，“……目标。我三十岁了，原本有很好的工作。如果我不制订计划，不找回自己，不每天都提醒自己是谁，就会彻底迷失。我现在单身，估计以后也没法约会了，因为大家都会上网搜索约会对象。所以，我约会的权利也被剥夺了。我要怎么认识新朋友？他们会怎么看待我？”

她问我，我的书里还会出现哪些遭到公开羞辱的人。

“目前为止只有乔纳·莱勒。”我说。

“他现在怎么样？”她问。

“不怎么样，我觉得。”我说。

“什么叫不怎么样？”她看上去很关心。我觉得，她关心的不是乔纳，而是自己的未来。

“我觉得他像是崩溃了。”我说。

“像是崩溃了，是什么意思？”贾斯汀问。

“我觉得他崩溃了，但很多人误认为他是厚颜无耻。”我说。

人们很容易把乔纳想象成厚颜无耻之徒，觉得他不知羞耻为何物，就像披着人皮的怪物一样。我认为，把自己准备伤害、正在伤害和伤害过的人妖魔化，人们有这种需求并不奇怪。但它总是以出人意料的方式显现出来。在心理学上，这叫作“认知失调”。同时出现两种自相矛盾的想法时（例如，我们觉得自己是好人，但同时意识到自己刚刚毁掉了一个人），我们就会觉得紧张，感到痛苦。为了缓解痛苦，我们会创造幻象，让自己的矛盾行为站住脚。就像我抽烟的时候，希望烟草商在包装上注明“吸烟加速皮肤衰老”而非“吸烟有害生命”，因为我压根不在乎皮肤衰老。

贾斯汀跟我约好下次再见面，但得过几个月。接下来的五个月我都见不着她。“我不能让自己的生活就这么下去，”她说，“我不能每天躲在家里看电影，以泪洗面，哀叹自己的不幸。我会卷土重来的。”她一点也不像乔纳，“乔纳总是撒谎，是个骗子。我不知道对几百万人撒谎、声誉尽毁后要怎么重回正轨。我只相信，开个无聊玩笑跟他有天壤之别。我是做了件蠢事，没有失去诚信。”

她说自己现在的任务是防止陷入“抑郁和自我厌恶。我估计接下来的五个月会很难熬，但等着瞧吧”。

她无法忍受作为悲惨案例出现在我的书里。她决定告诉毁掉自己的人，贾斯汀能够东山再起。

“我的故事才刚刚开始呢！”她说。

※

跟贾斯汀共进午餐后的第二天，我乘火车前往华盛顿，去拜访一个在想象中很可怕的人——法官泰德·普尔，一名恐怖的美国式自恋狂。他在得克萨斯州休斯敦做了二十年法官，以尽其所能让被告遭到公开羞辱而闻名。正如法学作家乔纳森·特利所说，“他把公民当作自己滑稽剧场里的虚拟道具使用”。

由于美国社会越来越渴望公开羞辱，我很想跟专门从事这项工作数十年的人见见面。如今这些公开羞辱别人的人，对泰德·普尔的人格和动机会有什么看法？又会怎么看待自己正在变成像他一样的人？他采取的羞辱方式对周遭的世界，包括做错事的人、旁观者和他自己有什么影响？

泰德·普尔的判罚有时很滑稽，比如命令小犯人铲粪，有时却像戈雅的画作一样随性，比如对休斯敦少年麦克·胡巴切克的处罚。1996年，胡巴切克在没开车灯的情况下，以一百公里的时速醉酒驾车，撞上了一辆小货车。小货车里坐着一对夫妇和保姆，丈夫和保姆在车祸中丧生。胡巴切克被判处一百一十天军训，十年中每个月都要在高中和酒吧门前手举标牌，上面写着“我醉酒驾车害死了两个人”，在车祸现场竖起十字架和大卫之星并负责维护，十年中钱包里必须装着受害者的照片，每周都要向以受害者名义成立的基金会捐献十美元，还要旁观一名酒驾丧生者的尸体解剖。

对另一些人来说，普尔的处罚无疑是残忍的精神折磨。1982年，十七岁男孩凯文·图内尔在华盛顿附近因醉酒驾驶，导致女孩苏珊·赫尔佐格身亡。女孩的父母将男孩告上法庭，获得了一百五十万美元的伤害赔偿。不过，他们给男孩提供了另一个选项：如果他愿意以苏珊的名义每周五给他们寄一美元支票，持续十八年，赔偿金额就可以降到九百三十六美元。男孩感激涕零地接受了。

几年后，男孩不再履行承诺。苏珊的父母再次把他告上法庭时，他崩溃了。他说，每次在支票上写下苏珊的名字，负罪感都会让他肝胆俱裂。“那实在太痛苦了！”他希望给赫尔佐格夫妇两盒已经填好的支票，每星期一张，直到2001年年底，比他们要求的多一年。但他们拒绝了。

批评泰德·普尔法官的人，比如美国公民自由协会这样的民权组织，希望他能意识到，这些引人注目的处罚，尤其是公开处罚，其实是很危险的。他们指出，公开羞辱在希特勒时代的德国和三K党时代的美国得以复苏并非巧合。它会摧毁人的灵魂，把遭到羞辱的人最大限度地妖魔化，让包括观众在内的每个人都变得像野兽一样残忍。普尔怎么能让原本就自卑的犯人（比如抢商店的小贼）接受公开嘲讽呢?

普尔对这种观点嗤之以鼻。他认为，犯人不是自卑，而是妄自尊大。1997年，他告诉《波士顿环球报》的记者：“我见过的人自尊心都强得不得了。某些人说，每个人都有自尊心，但有时候他们有必要感觉很糟。”

普尔的做法备受休斯敦人的推崇，他以得克萨斯州第二选区议员的身份参加了国会选举。根据《洛杉矶时报》的说法，他现在已经成为“顶尖的国会发言人”，从2009年到2011年发表了四百三十一场关于反堕胎、非法移民和公费医疗的演说。每场演说都以口头禅结尾："事情本来就该这么办！"

"那可不是什么'滑稽剧场'。"泰德·普尔在华盛顿雷伯恩众议院大厦的办公室里接待了我。我刚刚提到乔纳森·特利对他的形容（把公民当作自己滑稽剧场里的虚拟道具使用），他就怒了。他身穿西服，脚蹬着牛仔靴。这是他的另一个特征，就像他的口头禅和羞辱方式一样。他的模样和习惯跟朋友小布什差不多。"应该是'异类剧场'。"他说。

雷伯恩众议院大厦是所有国会议员的办公室所在地，每间办公室门上都装饰着主人家乡的州旗：白头雕代表伊利诺伊州和北达科他州，灰熊代表加利福尼亚州，马头代表新泽西州，鹈鹕代表路易斯安那州。普尔手下严肃的男雇员和漂亮的女雇员对我都挺好，但我后来发了一连串邮件，希望得到进一步解释并申请下一次采访，统统被他们无视了。尽管本次采访结束时，普尔热情地跟我握了手，但我怀疑自己刚迈出门槛，他马上就告诉手下："这人是个白痴，以后他发的邮件都别理。"

他跟我讲了他最喜欢的几种羞辱方式："喜欢偷鸡摸狗的年轻人，我可以把他丢进大牢，但我决定还是让他连续七天高举牌子，上面写着'我偷过这家店。别当小偷，不然站在这里的可能是你。'当然，有人监督他。我们把安保问题看得很重。这就像给担心安保的人做了一场行为艺术表演。那一个星期快结束的时候，商店老板打电话告诉我：'这个星期我店里一件东西也没丢！'他很欣赏我的做法。"

"但这不是把司法体系变成了娱乐吗？"我问。

“问问举牌子的人吧，”泰德·普尔回答，“他可没觉得是在娱乐别人。”

“我不是指他，”我说，“我是指对旁观者的影响。”

“大家都喜闻乐见。”普尔点了点头，“人们会停下来问他做了什么。有个夫人想星期天带他去教堂，拯救他！她还真这么做了！”普尔发出一阵得克萨斯式的尖声大笑。“她说，‘跟我来吧，可怜的孩子！’一星期结束后，我把他带回法庭。他说那是他有生以来最尴尬的经历。他幡然悔悟了。最后，他获得了学士学位，现在在休斯敦工作。”他停顿了一下，“我以前把犯人关进牢里，百分之六十六的人后来又犯法了。但受到公开羞辱的人，百分之八十五后来再也没犯过事。他们第一次觉得这么尴尬。这不是‘滑稽剧场’，而是‘有效剧场’。这招很管用。”

普尔很有说服力，这不禁让人恼火，但他“犯罪率降低”的观点很有误导性。他喜欢让第一次犯罪的人尝尝公开受辱的滋味，而这些人本来就战战兢兢，悔不当初，想要改过自新。但即便如此，我还是了解了一些此前从未想过的东西。

当天早上，我从酒店房间里给麦克·胡巴切克打了电话，就是那个1996年因醉酒驾车导致两人丧生的小伙子。我想让他说说，被迫手举“我醉酒驾车害死了两个人”的牌子当街示众是什么感觉。最开始，我们谈的是车祸本身。他告诉我，事发后的六个月里，他躺在牢里不停地回想这件事。

“你脑海里重现了什么画面？”我问。

“什么也没有，”他回答，“事发时我完全昏过去了，什么也不记得。但我每天都会想起这件事，现在也是。它已经成了我的一部分。作为幸存者，我心里充满负罪感，痛苦得不得了。当时，我相信自己处于活生生的炼狱，活着就是受煎熬。我有一年半多没照过镜子，学会了用手摸索着刮胡子。”

他说，掉进炼狱后，他已经做好了终身监禁的准备。没想到，泰德·普尔把他拖了出来。他突然发现，自己举着牌子，走在街上，站在路边。

他说，站在路边的时候，他意识到自己还有用。他可以化身活生生的警告牌，提醒大家不要醉酒驾车。现在，他经常在学校里做提高安全意识的演讲，还办了一间过渡教习所[①]，名为休斯敦清醒生活（Sober Living Houston）。他把这一切归功于泰德·普尔法官。

“我永远感激他。”他说。

这次华盛顿之旅跟我设想的完全不一样。我原本设想，泰德·普尔法官应该是个糟糕的家伙，典型的负面人物，在社交媒体上羞辱别人的人会惊恐地发现，自己将来会变成这个样子，于是幡然醒悟，做出改变。但麦克·胡巴切克却认为，被公开羞辱是件好事。他告诉我，这是真的，因为旁观者都对他很好。他原本担心会受到虐待和嘲弄，但那些事都没发生。“百分之九十的路人见到我都会说‘上帝保佑你’和‘一切会好起来的’。”人们的善意决定了一切。一切都好起来了，他也踏上了救赎之路。

“社交媒体上的羞辱比你的羞辱还要糟糕。”我突然对泰德·普尔说。

① 过渡教习所，为出狱者、戒毒者和出精神病院的人重返社会设立的临时住所。

他看上去吃了一惊。“本来就是啊，”他回答，“因为那是匿名的。”

“就算不是匿名，也同样可怕。”我说。

“他们太残忍了。”他说。

我突然意识到，在谈话过程中，我用的词是“他们”。每次这么说的时候，我都觉得自己是个懦夫。事实上，不是他们残忍，而是我们残忍。

推特刚出现的时候，还没有出现羞辱。我们就像伊甸园里的夏娃，自顾自地倾诉心情。就像有人说的那样：“你在Facebook上对朋友撒谎，在推特告诉陌生人真相。”在网上跟志趣相投的陌生人畅谈，帮我熬过了现实生活中的艰难时光。紧接着，出现了扬·莫伊尔和洛杉矶健身中心的羞辱事件（那件事值得我们骄傲）。当传媒大王鲁伯特·默多克、地产大亨唐纳德·特朗普等原本遥不可及的亿万富翁开设推特账号时，我还记得自己激动的心情。有史以来第一次，我们这些无名小卒也能直接联系那些金字塔尖的大人物了。我们开始热切关注不轨行为。

过了一段时间，我们热切关注的就不只是不轨行为了。我们连口误也不放过，耗费了大量时间精力，疯狂攻击别人的小小过错，尤其是名人的愚蠢言论。这跟讽刺、报道和批评不一样，感觉更像是惩罚。事实上，没有对象可供泄愤的时候，我们会觉得异样空虚。没有人能拿来羞辱的时候，我们只能剔指甲和互相泼水玩了。

乔纳·莱勒试图道歉的时候，差点被人撕成碎片。这些人的残忍让我深感失望。但暴徒不是他们，而是我们。同样的事，我曾开开心心地做过一年，甚至更久。我找到了一种全新的存在方式。被我羞辱的受害者有哪些？我基本记不得了，只能隐隐约约地想起，他们究竟做了什么可怕的事，以至于要遭到如此对待。

部分原因在于，过去几年里，我的记忆力迅速衰退。不久前，我做了一次按摩。那是老婆预订的，原本准备给我个惊喜。但这恰恰反映了她不了解我，因为我根本不喜欢被人碰。躺在按摩台上的时候，我谈起了自己糟糕的记忆力。

“童年往事我几乎都记不得了！”我告诉女按摩师，“一片空白！”

“很多人都想不起童年经历。”她边揉我的肩膀边说，“后来才发现，他们遭到了父母的性侵犯。”

“好吧，我会记住这个的！”我说。

但这不光是因为记忆力不好，而是我惩罚过的人太多了，怎么可能记住那么多名字？好吧，至少我记得垃圾波团队。在普尔的办公室里，有那么一瞬间，我忽然深有感触地回忆起，有人建议我们烧死那帮傻×。我当时感觉棒极了，现在要反思“自己为什么会那么开心”，真是有点可惜。

“西部的司法体系存在很多问题，”普尔说，“但至少有规矩可循。被告享有一些基本权利，会在法庭上受审。但在网上被指控的时候，你什么权利也没有，所以后果更加严重。全世界都是这样。”

看到他这种人会害怕我们这些人，这种权力的制衡让我感觉良好。但他不会在没定罪的情况下就判一个人当街示众，也不会因为某人开了个拙劣的玩笑就给他定罪。我们毁掉的不再是像乔纳那样的人，不再是承认有不轨行为的公众人物，而是没有犯大错的普通人。普通人被逼着学习降低损害，就像企业被逼着学习应对危机一样，让人压力倍增。

“我们比你更可怕。”我对普尔说，心中充满敬畏。

普尔心满意足地靠回椅背上。“你们更可怕，”他说，“确实是你们更可怕。”

我们比泰德·普尔法官还要可怕！通常出现在我笔下的有权有势、疯狂残忍的大人物已经渐渐消失。如今，真正有权有势、疯狂残忍的人，正是我们自己。

我们就像对别人的缺陷发动攻击的士兵。如今，敌人突然越变越多了。

第五章
乌合之众的勒庞和津巴多的实验漏洞

我们喜欢羞辱别人，攻击别人的缺陷，可以用“群体性疯狂”来解释吗？当一个群体变得越来越恐怖时，社会科学家就会提到这个词。以2011年8月的伦敦暴乱事件为例，暴力行为始于警察枪杀托特纳姆的马克·达根。紧接着发生了抗议，抗议又变成了持续五天的暴乱和抢劫。暴徒们先是在离我家1英里[①]的卡姆登砸毁店铺，后来又去了山脚下离我家只有半英里的肯迪什。我们赶紧锁好门窗，惊恐地盯着电视新闻。根据世界卫生组织的加里·斯鲁特金博士在《观察者》上的说法，民众“被影响心智的病毒感染了，导致了不经思考的集体暴行”，听上去就像僵尸电影一样。波士顿东北大学的社会学与犯罪学教授杰克·莱文在《卫报》上称这些暴徒“就像观众席上疯狂的人浪一样……人们的情绪相互传染，每个暴徒都有相同的特征……人们抱成团，实施了独自一人时从未想过的暴行”。

幸运的是，暴徒们当天夜里就在山脚下散开了。但现在回想起来，

① 1英里约为1.6093公里。

我一点也不觉得这“像观众席上疯狂的人浪”。如果他们真被可怕的病毒搞得失去理智，肯定会想冲上山来。我家所在的海格特西山是伦敦最陡峭的山，他们没冲上来是个明智的决定。

事实上，“群体性疯狂”这个概念是法国医生古斯塔夫·勒庞在19世纪首次提出的。他的观点是，人们在群体中会彻底丧失自控力。人的自由意志不复存在，取而代之的是极具传染性的癫狂，毫无约束的疯狂。我们没法控制自己，所以才会诉诸暴力，兴高采烈地把贾斯汀·萨科撕成碎片。

了解古斯塔夫·勒庞不是件容易的事。作为这一经久不衰的理论的鼻祖，他本人的资料却少得可怜。只有一个人整理过他的生平事迹，那就是俄勒冈州立大学的欧洲思想史教授鲍勃·奈伊。

“勒庞出生在法国西部的乡下，”他在电话里告诉我，“但决定到巴黎的医学院念书……”

1853年，勒庞十二岁。当时，法国人对群体充满戒心。拿破仑三世命令城市规划者乔治斯–尤根·豪斯曼拆除巴黎错综复杂的中世纪街道，改建成宽敞的林荫大道，试图通过城市规划来管理群众，但没能奏效。1871年，巴黎工人为改善生活处境举旗造反，把当地官员和警察扣作人质，进行了审判和处决。当权者仓皇逃往凡尔赛。

勒庞非常崇拜巴黎的精英（虽然巴黎的精英似乎对他一点兴趣也没有。他当时是个救护车司机）。因此，当法国军队突袭巴黎公社，屠杀两万五千名叛乱者之后，他长出了一口气。

这次起义给勒庞造成了很大的精神打击。剧变之后，他决定深入探索，证明大规模的革命运动是否只是一种疯狂。如果确认这是种疯狂，他能否为精英阶层设计出管理这种疯狂的方法？这将成为他进入巴黎上层社会的敲门砖，因为这是精英们最关注的事。

他探索之旅的开端，是在巴黎人类学会浸淫多年，研究大量人类头骨。他想向人们展示，贵族和商人的大脑比老百姓大，不容易受“群体性疯狂”的影响。

“他在头骨里塞满铅弹，”鲍勃·奈伊对我解释说，“通过计算铅弹的数量，就可以得知脑容量。”

测量了两百八十七个头骨后，勒庞在1879年发表了论文《从解剖学和数学的角度研究大脑容量的变化及其与智力的关系》。文中指出，贵族和商人的脑容量确实是最大的。他向担心“黑人的体型比我们大”的读者保证，“他们的大脑比我们小”。他还指出，女性的大脑比男性小：“很多巴黎女性的脑容量更接近大猩猩，远远不及最有智慧的男性。这种劣势太明显了，没有人会质疑，只有男女差别的程度值得讨论。研究过女性、诗人和小说家智力的心理学家都知道，他们在人类进化中处于劣等。跟成人和文明人相比，他们更接近儿童和野蛮人。他们变化无常，缺乏思考和逻辑思维能力，毫无理性。”

他承认确实存在一些“杰出的女性”，但“她们就像畸形儿一样属于例外，所以完全可以忽略不计”。

他认为，这就是为什么女权主义不该盛行：“给她们提供同等的教育，设定同样的目标，是一种危险的妄想。当那一天到来时，她们会曲解上天赋予的职责，离开家庭，参与战斗。那会是一场社会革命的开始，所有维护家庭神圣的东西都会消失。”

鲍勃·奈伊告诉我：“我写《勒庞传》的时候，觉得他是有史以来最可恶的浑蛋。”

勒庞1879年发表的论文是场灾难。他非但没受到上层社会的欢迎，还惨遭巴黎人类学会资深会员的耻笑，被称为仇视女性的家伙。他用的方法跟科学毫不沾边。“在勒庞看来，女性是被诅咒的造物。他认为女人走出家门是件可耻的事，会让家庭不复存在。”巴黎人类学会秘书长查理·勒图尔勒在一次演讲中说，“人们会本能地排斥这种结论。”

惨遭羞辱的勒庞离开巴黎，前往阿拉伯半岛旅行。他向法国公共教育部门申请资助，希望研究阿拉伯人的民族特征。他说，如果阿拉伯人有机会“被纳入法国的殖民统治”，这份研究会很有用。不过，这份申请遭到拒绝，他只好自己出钱。

接下来的十年里，他撰写并自费出版了一些作品，从神经科学角度证明阿拉伯人的低劣，探讨犯罪的成因，解释多元文化主义。他不断磨砺写作技巧。正如鲍勃·奈伊在勒庞传记《群体心理学的起源》（*The Origins of Crowd Psychology*）中说，他现在“语言凝练，没有引用和脚注，文风朴实优雅”。鲍勃·奈伊的意思是，不再有头骨和铅弹，不再收集“证据”，只剩下断言。1895年，他出版了用这种风格写就的成名之作《乌合之众》（*The Crowd*）。

勒庞一开篇就自豪地宣布，他没有加入任何学会：“从属于某个学派，就必然会支持它的偏见。”接着，他用了三百页的篇幅解释为何群体是疯狂的。“单单是变成一个有机群体的成员这个事实，就足以让他在文明的阶梯上倒退好几步。孤立的个人可能是有教养的个体，但在群体中却变成了野蛮人，也就是行为受本能支配的动物……在群体中，每种情绪和行为都有传染性。”

勒庞用的每个比喻都凸显了个人在群体中的精神缺陷。在群体中，我们是影响周遭人等的“细菌”，“众多沙粒中的一颗，任凭大风吹拂”。我们冲动、易怒、缺乏理性：“这些特征往往能在低级进化形态中看到，比如女性、野蛮人和儿童。”

毫无疑问，勒庞已经认定群体、女性和儿童普遍有易怒的特性了。

但《乌合之众》不仅仅讨论了这些。和乔纳·莱勒一样，勒庞知道流行科普读物需要提供改善建议和成功法门。他指出了两条道路：首先，我们无须担心共产主义和女权主义这样的大规模革命运动有存在的道德理由。它们只是一种疯狂，所以我们无须担心。其次，聪明的演说家如果懂得诀窍，就能让群体顺从自己的意志，按照自己的命令行事。勒庞列举了诀窍：“群体只会被极端的情绪打动。你要夸大其词，言之凿凿，不断重复，绝不以说理的方式证明任何事。”

《乌合之众：大众心理研究》出版后大获成功，被译成二十六种语言。勒庞终于如愿以偿，在巴黎上流社会有了一席之地。他马上利用这个地位做了些奇怪的事。他为政客和社交界的大人物办了一系列午宴，自己坐在主座上，手边放个铃铛。如果有客人发表了他不赞同的观点，他马上拿起铃铛一通猛摇，直到对方闭嘴为止。

全世界的名人都开始说自己是勒庞的崇拜者。墨索里尼说：“我读过古斯塔夫·勒庞的全部作品，《乌合之众》更是不知读了多少遍。那是一部经典著作。直到今天，我还常常向人推荐。”戈培尔的副官鲁道夫·塞姆勒在战时日记中写道：“戈培尔认为，在法国人勒庞之后，没有人对群体心理有如此深刻的理解。”

由于勒庞备受法西斯领袖推崇，你可能会觉得，从某个时间点往后，他作品的影响力会锐减。但这种事并没有发生。我认为，他的作品之所以经久不衰，是因为我们最爱说别人是疯子。此外，有个著名的心理学实验使他的观点得以长存。那就是心理学家菲利普·津巴多1971年在斯坦福大学地下室做的实验。

※

津巴多出生于纽约的工人家庭，是西西里移民的孩子。1954年从布鲁克林大学毕业后，他先后在耶鲁大学、纽约大学和哥伦比亚大学教授心理学，1971年进入斯坦福大学。他非常痴迷群体理论，也就是当时著名的“去个性化”（deindividuation）。1969年，他为此写了一篇类似散文诗的东西：“永恒的生命力，自然的循环，血亲的羁绊，宗族群体，母性法则，非理性，冲动，匿名的合唱，复仇的怒火。”

获得美国海军研究部门的资助后，他打算以戏剧化的方式在斯坦福证明它的存在。

他在当地报纸上刊登了一则小广告：“关于监狱生活的心理学研究实验，急招男性大学生。8月14日开始，每天报酬十五美元，持续一到两星期。”

他从申请者中选了二十四个人，又把心理学系没窗户的地下室改造成了模拟监狱，包括“牢房”和“禁闭室”（狱卒的房间）。学生被分成两组，九个“囚犯”，九个“狱卒”，六个候补。他给狱卒发了警棍和墨镜，这样别人就看不见他们的眼睛了。他给自己安排的角色是“监狱长”。囚犯被扒光衣服，套上囚服，铐上脚镣，押往“牢房”。实验开始了。

六天后，实验戛然而止。根据津巴多后来在美国国会听证会上的解释，这是因为实验完全失控了。津巴多的未婚妻克里斯蒂娜·马斯拉奇来参观地下室，被眼前的情景吓坏了。狱卒们昂首阔步地四处施虐，朝囚犯怒吼，让他们做俯卧撑，还有另外一些事。囚犯们躺在牢房里大喊："我快熬不下去了，你们不知道吗？我要死在里面了！"

马斯拉奇怒气冲冲地找未婚夫对质："你对这些男孩做了些什么啊！我都快认不出你了。这个虚拟场景已经把你从一个我自认为了解的人，变成了一个我根本不了解的人。"

此时，津巴多才如梦初醒。她说得对。这个实验把他变成了恶魔。"我必须终止这一切。"他对她说。

"我们看见的东西触目惊心，"两个月后，津巴多在国会听证会上说，"短短一星期，脆弱的人类价值观就被推翻了，人性中最丑陋、最原始、最病态的部分浮现了出来。我们非常震惊，因为一些男孩对另一些男孩像对牲口一样，以虐待他们为乐。"

津巴多展示了一些隐藏摄像机拍摄的画面，可以看到狱卒冲囚犯大吼："在地上跪好了！""你还敢笑，二〇九三号（囚犯），到那边做十个俯卧撑""你是弗兰肯斯坦，你是弗兰肯斯坦的新娘。像弗兰肯斯坦一样走路，抱她，告诉她你爱她"等。结果，直到今天，津巴多的地下室仍是让社会心理学学生理解勒庞群体理论的最佳地点。正是在这里，好人被传染，变成了恶魔。正如津巴多2002年接受英国广播电台采访时所说："我们把好人放在邪恶的环境里，看谁最后会胜出。"

但我忍不住会想，隐藏摄像机捕捉到的邪恶行为看上去有点像闹剧。而且，我太清楚缺乏睡眠对精神的影响了（我养大了一个在出牙期老是肚子疼的宝宝），也知道待在没窗户的屋子里是什么感觉（我曾很不明智地在地中海邮轮“威士丹”号的内舱里待过一星期，要不是能自由前往船上的咖啡厅和观景长廊，我也会痛苦大喊“我要死在里面了，你们不知道吗”），但即使是在最难熬的夜晚，我也没变成斯坦福监狱实验里的那些人。那个地下室里到底发生了什么？

※

约翰·马克如今在恺撒医疗保险公司做医学编码员。但在1971年，他曾是津巴多的“狱卒”。寻找当年的参与者可不是件容易的事，因为津巴多从未公开过他们的名字。不过，约翰·马克在斯坦福大学校友杂志里谈起过那次实验，我就是这么发现他的。

“告诉别人你是斯坦福监狱实验里的狱卒，大家有什么反应？”我在电话里问他。

“每个人都觉得我很残忍，”他长叹了一口气，“我总是听到这种话。电视里在谈论残忍的事，忽然会蹦出一句：‘正如斯坦福监狱实验展示的……’我女儿的高中里也在教这些东西。真是烦死我了。”

“为什么？”我问。

“因为这不是真的，”他说，“我当狱卒的那几天很无聊，就是在那里干坐着。我值的是白班，负责叫囚犯起床，给他们送饭，基本是在消磨时光。”他停顿了一下，“如果津巴多得出的结论是真的，难道不应该适用于所有狱卒吗？”

他接着说，如果我认真看了津巴多的视频——他希望有朝一日能公开完整视频——就会发现，“只有一个狱卒真正失去了理智，那就是戴夫·埃舍尔曼。”

“戴夫·埃舍尔曼？”

他说得没错，津巴多实验里的邪恶狱卒其实只有一个，那就是戴夫·埃舍尔曼。正是他大吼大叫，让囚犯“跪地板”，说“你是弗兰肯斯坦”。社会科学家写过很多论文分析埃舍尔曼的一举一动，其中有个奇怪的细节，那就是，他的行为越残忍，南方口音就越明显。我至少在一篇文章里看到过，作者令人信服地证明，当一个人被疯狂的暴力倾向征服时，会无意中带出路易斯安那州的口音。

如今，戴夫·埃舍尔曼在加利福尼亚的萨拉托加经营一家房屋贷款公司。我打电话问他，把每个人心底都有的恶魔展现出来是什么感觉。

“我的戏演得太好了。”他说。

“这话什么意思？”我问。

“找一个有理性的普通人，放进糟糕的环境里，他马上就会变坏？情况并不是这么简单。”他说，“那是我装出来的。”

他解释说，头一天晚上很无聊，每个人都只是干坐着。“我想，‘有人花了那么多钱来做实验，却什么结果也得不到。’我觉得自己应该做点什么。”

他刚看过保罗·纽曼的监狱题材电影《铁窗喋血》（*Cool Hand Luke*），斯特罗瑟·马丁在其中扮演一名虐待囚徒的南方监狱管理者，戴夫决定模仿他。他突然出现的南方口音，不是娜塔莉·波特曼在电影《黑天鹅》里那种自己无法控制的变化，而是一种有意识的模仿。

“所以，你装出这副样子，是为了给津巴多更好的研究成果？”

我问。

“至少我这部分是装出来的，”他回答，“我定了计划，付诸实施。一切都是故意装出来的。当时我觉得自己是在做好事。”

放下电话后，我很怀疑，戴夫刚刚告诉我的事意义重大，可能会改变心理学一直以来对“恶”的认识。他刚刚揭穿了著名的斯坦福监狱实验的真相。所以，我把采访记录交给了群体心理学家斯蒂夫·赖歇尔和亚历克斯·哈斯拉姆。他们俩都是社会心理学教授，前者在圣安德鲁斯大学任教，后者在昆士兰大学教书，一辈子都在研究津巴多的作品。

他们都给我回了邮件，但对我认为可能引起轰动的部分并不在意。“‘演戏’这个说法是在转移重点，”哈斯拉姆写道，“如果你是暴行的受害者，施虐者是否在演戏并不重要。”

“表演是严肃的，”赖歇尔补充说，“即使我们是在表演，问题依然存在：‘为什么我们会用这种方式表演？’”

但他们都提到，我跟戴夫·埃舍尔曼的谈话确实“令人着迷，意义重大”（这是赖歇尔的原话），但他们这么想的原因跟我原先认为的不一样。谈话里出现了一个确凿的证据，我却没有注意到。

哈斯拉姆写道：“真正有意思的一句话是‘当时我觉得自己是在做好事’。‘做好事’这个说法很关键。”

“做好事”跟勒庞和津巴多得出的结论刚好相反。邪恶的环境没有让戴夫变成恶魔，对贾斯汀·萨科施压的十万人也没有被邪恶传染。斯蒂夫·赖歇尔写道：“对拿传染当借口的人来说，最有讽刺意味的一点是，他们在电视上看到了伦敦暴乱的场面，却没有亲自参与暴乱。有种说法是，每个人都会被卷入群体行为，但这种说法并不成立。防暴警察就没有加入暴民群体。看起来，传染只是其他人的问题。”

接着，赖歇尔给我讲了他唯一一次在现场观看网球赛的经历。“那天是温布尔顿的‘人民日’，民众可以进球场观赛。我们在一号球场，有三侧是普通看台，一侧是会员看台。我们看的那场比赛很无聊，所以大家玩起了人浪。三个普通看台都接了下去，但会员看台拒绝配合。他们没被传染！但后面的人都在等着，做人浪的时候会把会员看台的时间算进去。就这样，每掀起一波人浪，大家都会半开玩笑地敦促会员看台加入。最后，他们终于响应了，但显得很尴尬。欢呼声响彻全场，从很远的地方都能听到。从表面上看，他们也许是受传染了。但实际上，两个群体之间的互动要有趣得多，这跟阶级和权力有关……这是一种隐晦的传染。即使是最暴力的群体，也不是在盲目作乱。其中总会有模式可循，这些模式反映出了更广泛的信念体系。所以，我们需要提的问题是，在没有领导的情况下，人们是怎样自发聚集，协同行动的。这没法用‘传染’解释。如果你能给出答案，你对人类社会性的理解就迈进一大步。这就是为什么群体如此意义重大，如此令人着迷。”

※

菲利普·津巴多的助手给我回了邮件：“很遗憾，日程安排已满，秋季前一律不接受采访。”当时是2月。我问她能不能透露一下，津巴多接下来会不会参加群体理论的研究项目。她说无可奉告。“我每天都会收到很多类似的请求，实在无法逐一回答，无法跟提出请求的人保持联系。”我告诉她，我和戴夫·埃舍尔曼通过话，能不能跟津巴多博士核实一下那些话。“5月中旬，他也许能通过邮件回答一些简单的问题。”于是，到了5月，我给她发去了戴夫·埃舍尔曼的原话。“‘做好事’这个说法是否和津巴多博士的观点正好相反？”我写道，“戴夫·埃舍尔曼没有被邪恶的环境影响，他只是想帮点忙。”

她把我的邮件转给了津巴多博士，还加了句：“请回复给我！不然，我担心他会直接和您联系！！”（这封邮件被意外抄送给了我。）当天晚上，津巴多回复了我。“暂时收起你的天真吧，”他写道，“埃舍尔曼在录像采访里公开宣称，他决定成为‘人们能想象出的最残忍、最恶毒的看守’，把囚犯称为自己的‘玩偶’。他决定尽可能侮辱他们，直到他们奋起反抗。他们一直没有造反，所以他从未停止侮辱。他的施虐暴行每天晚上都会升级……想帮点忙？他创造了这个邪恶的环境，毁掉了无辜的学生和囚犯！”

津巴多说得对不对？是我太天真了吗？这么多年之后，戴夫是否还在掩饰自己的残忍？我又做了些调查，发现自己不是第一个觉得津巴多的实验有点假的人。波士顿大学的心理学家彼得·格雷，也就是著名教科书《心理学》（*Psychology*）的作者，在《今日心理学》杂志上发表了一篇文章，名为《为什么津巴多的监狱实验没有出现在我的教科书里》。

> 二十一个（实际上是二十四个）男孩（好吧，年轻人）应邀玩一场囚犯和狱卒的游戏。当时是1971年。不久前，很多新闻报道都提及了监狱的暴动和狱卒的残忍。所以，在这场游戏

里，这些年轻人该做些什么呢？他们是不是应该坐在一起，愉快地谈论女友、电影和其他诸如此类的事？不，当然不是了。这是一项关于囚犯和狱卒的研究，所以他们的任务显然是扮演囚犯和狱卒。或者，说得更准确些，扮演他们心目中的囚犯和狱卒。当然，津巴多教授（作为监狱长）正盯着他们。如果他们只是坐成一圈，愉快地喝茶聊天，教授肯定会很失望。很多研究表明，心理学实验中的被试，会积极地去做他们觉得研究者希望自己做的事。

——彼得·格雷，

《为什么津巴多的监狱实验没有出现在我的教科书里》，

《今日心理学》，2013年10月19日

格雷认为，津巴多致命的错误在于亲自扮演监狱长，而不是保持距离做个旁观者。而且，他不只是挂个虚名。实验开始前，他给狱卒们做过一次振奋人心的演讲。后来，他在著作《路西法效应》（*The Lucifer Effect*）里复述了一遍：

“我们不能对囚犯施以肉体虐待或折磨，”我说，“但可以让他们觉得生无可恋，沮丧受挫，还可以适当地让他们感到恐惧。我们可以专制地操纵他们的生活，让他们被这个体系、被你、被我、被‘狱卒’贾菲彻底掌控。他们没有任何隐私，将持续受到监视，一举一动都在我们的掌握之中。他们没有行动自由。没有我们的允许，他们什么也不能做，什么也不能说。我们会用种种手段剥夺他们的个性。他们将穿上囚服，任何时候都不能直呼名字。他们会得到编号，也只能叫编号。总的来说，就要让他们打心底有种无力感。我们在这个场景里拥有一切权力，他们则没有任何权力。”

——菲利普·津巴多，《路西法效应》，

兰登书屋，2008年版

※

在古斯塔夫·勒庞看来，群体不过是没有意识的疯狂大爆炸，是一团毫无变化的暴力色彩。但推特不是这样。推特上不是只有一种声音。在贾斯汀·萨科事件里，有些是仇视女性的直男癌：“一定要有HIV阳性的人强奸这个婊子啊，我们可以看看肤色能不能让她躲过艾滋病。”有些是人道主义者：“如果@JustineSacco关于艾滋病的不幸言论让你感到烦恼，和我一起支持@CARE在非洲的工作吧。”还有些企业趁机推销产品，比如无线网络供应商Gogo：“下次起飞前如果想发什么愚蠢的推特，请确保飞机上有@gogo提供的无线网！@JustineSacco。”

正如斯蒂夫·赖歇尔所说，这些人是无人领导，自发聚集的。我不是其中之一，但我以前也对像贾斯汀一样的人施加过压力。我被新技术迷住了，就像蹒跚学步的孩童爬向枪支一样。像戴夫·埃舍尔曼一样，对“做好事”的渴望驱使我做出了这种事。这绝对比被“群体性疯狂”驱使要好得多。但这种渴望收获了许多血腥的战利品，我毁掉了很多现在连名字也想不起的人。这不禁令人怀疑，它或许也源自某种阴暗的渴望，源自某些我不愿深思的地方。这就是为什么我需要好好思考一下。

第六章
羞辱别人也是为了“做好事”

“我是无名小卒，”汉克说，“有个家庭，有份工作，是个典型的美国中产阶级。”

汉克只是个代称。他不想透露真实姓名。他住在美国西海岸一个小镇的郊外，在厨房里用谷歌环聊（Google Hangout）跟我聊天，我向他保证不会提及真名。他看上去有些脆弱，有些焦虑，似乎更适合用电脑独自工作，而不是通过它和陌生人聊天。

2013年3月18日，汉克作为听众参加了在圣克拉拉举行的技术开发者大会。他在开会时突然想到一个愚蠢的笑话，便低声告诉了朋友亚历克斯。

“什么笑话？”我问他。

“一个很不好的笑话，我想不起具体是怎么说的了，”他说，“我想象一个硬件上插着巨大的加密狗[①]，样子非常可笑的加密狗。我们哧哧地笑着，声音比平常说话还要小。”

① 加密狗，一种状似U盘的电子设备，用于防止软件数据拷贝和泄露。

几分钟前，汉克和亚历克斯刚刚对比维斯和巴特海德的技术产品开过“插入某人后庭”（forking someone’s repo）的玩笑。“我们觉得这是一种新式恭维，”汉克解释说，“一个人在台上展示新产品，亚历克斯却在说‘我要插入那个家伙的后庭’。”

[顺便说一句，在技术领域，“插入”的意思是拷贝别人的软件，以便独立运行。而“软件”又称为repository，跟“后庭”（reporductive organs）都可以简称repo。“插入某人后庭”既可以看作是恭维，也可以视为荤段子。我想，被迫向记者解释十个月前随口讲的一个荤段子，对方还不停地说“抱歉，没听懂”，对技术宅来说肯定是场噩梦。汉克通过谷歌环聊跟我聊天时，就经历了这么一场噩梦。]

开过加密狗的玩笑后，汉克发现坐在他们前面的一位女士站起来，转过身拍了张照。汉克以为她要拍观众，就故意正视前方，好让她拍出理想的照片。

现在，已经知道了他们后来的遭遇，再回头看这张照片，感觉真是挺惨的。加密狗的玩笑让他们面带蠢蠢的坏笑，这成了汉克和亚历克斯很长一段时间里最后的笑容。

十分钟后，一名会议组织者从过道走来，问汉克和亚历克斯：“能跟我过来一下吗？”

他们被带进一间办公室，被告知有人抱怨他们发表黄色评论。“我马上就道歉了，”汉克说，“我知道他们指的是什么。我告诉他们刚才我们在聊什么，表示不是故意发表黄色评论的，如果有人碰巧听到，觉得受了冒犯，我们非常抱歉。对方说：‘好的，知道了。’”

就是这样。这件事就这么过去了。汉克和亚历克斯感觉很糟糕。“我们俩都是宅男，不太擅长跟人打交道，觉得很不习惯。”于是，他们决定提前离开会场。

在去机场的路上，他们开始猜想，那个女人的抱怨是怎么传到会议组织者耳朵里的。他们忽然有点担心。最糟糕的情况，莫过于她发了推特。于是，他们胆战心惊地打开了推特。

一阵焦虑像闪电般蹿过汉克全身。他赶紧扫了一眼下面的评论，没几个人回复。她的一万两千名粉丝里只有寥寥几个对她用“高尚”的方式“教育”背后的人点赞。他苦笑着发现，就在几天前，这个名叫阿德里亚·理查兹的女人才发过关于下半身的荤段子。她建议一位男性朋友把袜子塞进内裤里，迷惑机场的安检人员。汉克稍稍松了口气。但第二天，阿德里亚·理查兹发了一篇后续的博文：

> 昨天，我在PyCon大会上公开指责了一帮不尊重别人的家伙。

她介绍了一下背景，说自己是“一家成功的初创公司的开发者”。当台上的展示者说到让更多女性进入这一产业时，背后的人开起了“大”加密狗的玩笑。事实上，大屏幕刚刚打出一张小女孩在技术工作坊里的照片。

> 责任感很重要。坐在我身后的这些人觉得混在人群里很安全。我意识到了这一点，知道匿名会催化他们的行为。这叫作“去个性化”。去个性化理论认为，自我评价降低会导致反常行为和不受约束的举动。去个性化理论可以用来解释很多反常

行为，比如集体暴行、暴徒动用私刑……

又是去个性化！古斯塔夫·勒庞和菲利普·津巴多的理论又在现实生活中出现了，但这次是在阿德里亚的博文里。

> ……我慢慢站起来，转过身，拍了三张清晰的照片。
>
> 这就像毁掉孩子的梦想一样让我愤怒。
>
> 只说三个字就可以改变一切："不好笑。"
>
> 昨天，编程的未来上线了，我发出了自己的声音。
>
> ——阿德里亚·理查兹，
>
> 博客《但你是个女生》，2013年3月18日

第二天，汉克被老板叫到办公室。他被解雇了。

※

"我把东西塞进盒子里，"汉克说，"然后出去给老婆打了个电话。我不怎么掉眼泪，但是……"他停顿了一下，"坐进车里，看到老婆的时候，我还是忍不住……我有三个孩子。丢掉工作真是太糟糕了。"

当天晚上，汉克发表了公开声明（他也像贾斯汀和乔纳一样，在跟我谈话之前，没有对任何记者聊过自己身上发生的事）。他在"黑客新闻"的留言板上发布了一则简短的消息：

> 大家好，我就是开“大”加密狗玩笑的那个人。首先，我想说很抱歉，我真的无意冒犯任何人。我很后悔开那种玩笑，让阿德里亚不舒服。她有权向工作人员举报我，我捍卫她的立场。（但）因为她拍的照片，我今天被解雇了。这很糟糕，因为我有三个孩子要养活，而且真的很喜欢那份工作。
>
> 她没有给我任何警告，拍照和决定我命运的时候还面带笑容。

“第二天，”汉克说，“阿德里亚·理查兹给我们公司打电话，请他们勒令我删掉道歉声明里的一句话，也就是她的推特让我丢掉了工作。”

※

我给阿德里亚发去了采访请求。“好，邮件联系吧，如果合适我会回复的。”她这么答复。我发了邮件，一举成功。我们约好两周后见面。“出于安全考虑，最好在公共场所见面。”阿德里亚写道，“记得带上记者证，我会核实的。”

我们的会面地点定在旧金山机场的国际航班检票口。我本以为会见到一个凶巴巴的家伙，但她在出口处朝我挥手时，看上去一点也不凶。她看上去有点内向，有点敏感，就像汉克在谷歌环聊里给我留下的印象一样。我们找了家咖啡馆坐下，她从自己的角度给我讲述了整件事，还有她听到加密狗笑话时的感觉。

“你上学的时候有没有跟人吵过架，当时觉得背后汗毛倒竖？”她问我。

“你觉得害怕？”我问。

“是危险，”她说，“身体在告诉我，‘你不安全’。”

她说，这就是为什么她要“慢慢站起来，转过身，拍了三张照片”。她发了一条推特：“简要总结了他们说的话。接着我发了另一条推特，描述了自己的位置。对吗？”

“危险？”我问。

“你有没有听说过，男人害怕被女人嘲笑，女人害怕被男人杀掉？”她说。

“人们可能会觉得这个说法太夸张了。”我说。毕竟，她是在有八百名观众的大会上。

“当然了，”她回答道，“说太夸张的很可能是白人，也很可能是男人。”

这似乎有些偏颇。男人有时候也可以是正确的。这种逻辑谬误有个拉丁文说法，叫“人身攻击”（ad hominem attack）。当一个人无力回击对方的批评时，就会把矛头转向批评者。

“被解雇是件很糟糕的事，”我说，“我知道你不是故意害他被解雇的。但你应该承认，这确实很糟。”

“不算很糟，”她果断摇了摇头，“他是男性白人，我是犹太女性黑人。他说了有可能冒犯我的话，而我就坐在他前面。我确实很同情他的遭遇，但仅此而已。如果他是患有唐氏综合征的低能儿，在地铁里无意间把一个人推下站台，那情况就不一样了。”她停顿了一下，“我看到有人说：‘阿德里亚不知道这么做意味着什么。’不，我是知道的。”

※

汉克在“黑客新闻”发表道歉声明的那个晚上，旁观者开始插手了。汉克开始收到男权博主们表示支持的私信，不过他一封也没回复。后来，一个叫“古奇小猪”的博主写道，汉克的声明展示了这样的男人形象：

> 毫无骨气……道歉就等于是说：“我是个软弱的敌人，请你任意摆布。”（通过公开羞辱汉克）阿德里亚完全掌控了他孩子的命运。这都没把这个男人惹毛？

在汉克被男权博主们先捧后贬的同时，阿德里亚发现人们在著名的匿名论坛4chan/b/里讨论她。

> 三个孩子的爹，只因为跟朋友讲了个蠢笑话，被一个没头脑、有权势的人听到了，就丢掉了工作。干死这个傻×。
>
> 杀了她。
>
> 用美工刀把她的子宫挖出来。

有人给阿德里亚发了张照片，上面是个嘴巴被胶带封住、身首异处的女人。阿德里亚的头像被拼贴到色情女星的身体上，还有网站教大家用肤色匹配来实现图片的无缝拼接。有人在Facebook上写道：“我希望能找到阿德里亚，绑架她，往她头上套个处刑袋，用点二二口径的子弹射穿她的脑袋。干死这个婊子，让她付出代价，老实听话。”（阿德里亚告诉我，这个人是纽约市技术学院的学生，但我无从证实。）

最后，有人在4chan/b/上写道：“死亡和强暴的威胁只会让她暗爽，我不是说什么也别做，只是先想想，做点有意义的事。”

很快，阿德里亚的公司网站SendGrid就挂掉了。有人发送了一个恶毒的程序，也就是DdoS攻击。那个程序会自动操作，就像一个人坐在电脑前面不停刷新页面一样，直到网站因为数据过载而崩溃。

第二天，阿德里亚也被解雇了。

※

飞往旧金山跟阿德里亚会面的前几天，我在4chan/b/发帖寻找参与过这次毁灭行动的人，希望他们和我取得联系。帖子发出不到一分钟就被删了。于是，我又发了一遍。这次刚过几秒就被删了。4chan内部有人在悄悄阻止我联系他们。巧的是，就在我发帖的同时，4chan几位发起Ddos攻击的核心成员和活动者被捕了，他们的真名一览无余。我就这样联系上了二十一岁的4chan网友梅赛德斯·海弗。

梅赛德斯在Facebook上的相片戴着滑稽的小胡子和兔耳朵。现在，我们面对面坐在曼哈顿下东区一家老杂货店楼上宽敞的跃层公寓里。这间公寓属于她的律师斯坦利·科恩。科恩代理的客户包括无政府主义者、共产主义者、非法居住者和哈马斯，现在又加上了梅赛德斯。

她被指控犯下的罪行是，在2010年11月和另外十三名4chan网友对PayPal进行了报复性DdoS攻击。我写下这几句话时，她正在等待判决，后来被认定有罪。他们发起攻击是因为PayPal拒绝为维基解密网站开通捐款功能。你可以通过PayPal资助3K党，却不能资助维基解密。

一天早上六点，联邦调查局探员出现在她位于拉斯维加斯的公寓门口。“我打开门，他们说：‘梅赛德斯，你能不能先把裤子穿上？’老实说，被捕挺有意思的。你可以和联邦调查局扯上关系，可以戴上漂亮的手铐，可以在车上选音乐。但被起诉就无聊了，我是睡过去的。”

我跟梅赛德斯聊了几小时。她表面上看很八卦，喜欢网上的各种花边新闻。她跟我说了一些她在4chan上最喜欢的帖子。梅赛德斯哈哈大笑：“联邦调查局问我关于4chan的事，我就随便讲了个帖子，有些人听了竟然愤然起身离开。”

梅赛德斯这方面的兴趣我不感冒，因为我没把这件事当八卦看。关注八卦，看人们怎么公开羞辱荒唐离谱的少数人，其实很轻松。贾斯汀和阿德里亚是被虐得体无完肤，但八卦不会毁掉他们，是我这种人毁掉了他们。

但接下来的几个月，我开始了解并喜欢上了梅赛德斯。我们来来回回发了很多邮件。我发现，其实她不怎么爱八卦。她的初衷是善意的，有时羞辱别人也是为了“做好事”。她提到有个男孩在YouTube上发布了一系列虐猫视频，还声称“看看谁敢阻止他”。4chan网友“人肉”了他，“让全城人都知道他是个反社会分子。哈哈！那只猫也被带走，找到了新主人”。

（那个男孩确实有可能是反社会分子，但梅赛德斯和其他4chan网友没有证据。他们不知道他家里发生过什么事，让他变成了那个样子。）

我问梅赛德斯4chan里都是些什么人。

“很多都是感到厌倦、无所事事、深受苦恼、无力改变的孩子，”她说，“他们知道自己不会变成想要的样子，所以纷纷跑来网上。我们在其他情况下无力改变的事，在网上则不然。”

那段时期，检方持续发起猛攻，试图让梅赛德斯这样的人屈服。我问她诉讼会不会终结他们的DdoS攻击和冷嘲热讽，她的回答非常犀利。

“警方试图占领这个区域。”她说。这里“区域”指的是互联网。“就像在城市里一样，他们改造市中心，把穷人迁到贫民区，然后冷嘲热讽，盘查每个人……”

巧的是，我和梅赛德斯会面前不久，纽约警察局公布了前一年盘查纽约居民的数据：共六十八万四千三百三十三人次，平均每天有一千八百人被盘查。根据纽约公民自由联盟的说法，这一千八百人里“十有八九是清白无辜的”。

2012年7月，民权律师纳哈尔·扎马尼为了完成调研报告《盘查：人为影响》（*Stop And Frisk：The Human Impact*），采访了该政策的受害者。

> 有些人说，被盘查会让你觉得“既羞辱又丢脸”。有人补充说：“他们在路上把你拦下来时，每个人都会看过来，那确实很跌面子。接着，人们会对你产生错误的想法。你会体验到有色人种受的罪。人们可能会觉得你有什么非法行为，但其实并没有。警察只是随机抽查拦下了你。这本身就是一种侮辱。”另一个人说：“我觉得遭到了侵犯和侮辱，觉得既厌烦

又羞耻，当然也很害怕。”

——《盘查：人为影响》，宪法权利中心，2012年7月

让盘查政策得以普及的人，恰恰是乔纳·莱勒的同行，《纽约客》作家马尔科姆·格拉德威尔。这真是个奇怪的巧合。20世纪90年代，盘查政策刚刚开始实施的时候，被称为“破窗”政策。格拉德威尔在《纽约客》上写了一篇里程碑式的文章，名为“引爆点”。他称这项政策为“奇迹”。他在文章中表示，纽约谋杀率骤降跟严惩轻微罪行，比如随手涂鸦者和黄牛党有很大关系。

他写道，纽约正在发生“一种空前的奇怪转变”。这里曾经街头枪战不断，现在却是“黄昏时分，普通人在街上漫步，小孩在骑车，老人坐在长椅上，人们独自走出地铁。有时，最细微的改变也能产生巨大的影响”。

格拉德威尔的文章引起了轰动，成了杂志史上最有影响力的文章之一。它把激进的治安政策兜售给有思想、信奉自由主义的纽约市民。他们通常是不会支持这种严酷措施的。他让自由的一代走向了保守，也成了“破窗”理论的宣传利器。新书《引爆点》销量高达两百万册，不仅让他取得了事业上的成功，还成了无数科普作家竞相效仿的对象，比如乔纳·莱勒。

但格拉德威尔说得不对。数据显示，“破窗”政策推行前的五年里，纽约的暴力犯罪率已经在逐年下降。当时，整个美国的暴力犯罪率都在飞速下跌，其中包括没有对随手涂鸦者和黄牛党宣战的城市，比如芝加哥和华盛顿。2013年，我为英国广播公司的文化秀（Culture Show）采访格拉德威尔时，提起了盘查和“破窗”政策。他的脸上痛苦和懊悔

交织。“我太痴迷‘破窗’的设想了，”他说，“我被这个简单的比喻迷住了，夸大了它的重要性。”

盘查政策一直延续到21世纪前十年。它的副作用是，有些不满的年轻人开始在网上寻求报复，比如加入4chan。这件事不是梅赛德斯一个人告诉我的。和她告别后，我马上来到皇后区地铁站外面，等着跟她在4chan上认识的一个朋友秘密见面。一辆小破车停在了我面前。开车的是个白人小伙子，带点西班牙血统，胸前挂着个大大的十字架。我至今不知道他真名叫什么。他让我用网名喊他——特洛伊。

他把我带进一家咖啡馆，抱怨时过境迁，感叹“好日子”一去不复返。他说，过去在这片地方，你不能把手机搁在咖啡桌上，不然马上就会被偷走。我告诉特洛伊，他心目中的“好日子”在我看来简直是灾难。但他解释说，盘查看上去行为不检的年轻人，带来的附加伤害更大：“去商店也好，从学校回家也好，一整天都被毁了。简直太恶心了。连在这附近散步都很危险。”他告诉我，正是警察的不公平对待，促使他加入了4chan。

“警察说：‘看看我们在你的地盘上能做什么？’”梅赛德斯说，“‘这不是你的地盘，是我们的，是我们允许你站在这儿的。’大家在Facebook上互动，是因为纽约没有什么地方能让人闲逛了。互联网是我们的，他们却想据为己有。我们不会让这种事发生，因为这是互联网。”

“而且你比他们更懂它是怎么运作的？”我问。

“让他们见鬼去，”她说，“一帮蠢货。在某个时期，如果你略通医术，却身处马萨诸塞州，你就成了女巫，人人都想烧死你。现在，没多少人理解Facebook是怎么运作的。所以，给他们解释路由器是怎么工作的，你就成了魔法师，黑暗魔法师。‘必须把他们永远锁起来，因为我们不知道除此之外还能怎么阻止他们。’孩子们之所以能成为互联网专家，部分原因就是他们在别的地方无能为力。技术劳工越来越少了，所以他们都涌向那里。然后就出事了。”

我问梅赛德斯，她对贾斯汀受攻击的事了解多少。她说：“萨科？害开加密狗玩笑的人被解雇的那个？”

“你说的是阿德里亚·理查兹，”我说，“贾斯汀·萨科是发那个艾滋病推特的。”

“哦，那是推特上的，”她说，“推特跟4chan是不一样的怪物。它比4chan更在乎传统意义上的道德标准。我们攻击阿德里亚·理查兹，是因为她让一个没针对任何人、只是开玩笑的家伙被解雇了。那个人谁也没伤害，她妨碍了他的言论自由。互联网要让她付出代价。”

“那贾斯汀·萨科呢？”我问。

“在网上，大家对什么是小人物的理解很公平。”梅赛德斯说，“小人物就是被有钱的浑蛋白人嘲笑的人。贾斯汀·萨科的问题在于，她是个有钱的白人，对病危的黑人开了玩笑。所以，贾斯汀·萨科得花几小时弄清楚，成为人人嘲笑的小人物是什么感觉。搞垮贾斯汀·萨科，就像搞垮了所有会开这种种族歧视玩笑的有钱白人。她觉得开艾滋病的玩笑很有趣，是因为她不知道作为弱势的黑人是什么感觉，也不知道染上艾滋病是什么滋味。”她停顿了一下，“有些犯罪，只能靠公众舆论和公开羞辱来处罚。这是另类的法庭，另类的审判。”

我请梅赛德斯解释一下现代羞辱事件里最大的谜团，为什么大家都如此厌恶女人。没有人用荤段子攻击乔纳，但贾斯汀和阿德里亚的事件刚一发生，就出现了强暴的威胁。而且4chan网友说的话似乎是最难听的。

“嗯，这是有点极端，”梅赛德斯回答，“4chan抓住人们能想出的最糟糕的事，嚷嚷着要把它变成现实。我觉得没有人真的想把威胁付诸实践。比起强暴，他们真正想做的是‘毁掉’。4chan的用意是想让目标丢脸，对吧？在我们的文化里，对女人来说，被强暴是最丢脸的事。我们从来不会说强暴哪个男人，因为在绝大多数人看来，这对男人来说不算丢脸。男人最丢脸的事是被解雇。社会普遍认为，男人应该有事业。一旦被解雇，他们就没了做男人的资格。在加密狗事件里，她毫无意义地夺走了一个男人的工作，让他失去了做男人的资格。所以，公众也要让她失去做女人的资格。”

※

阿德里亚被解雇后，死亡和强暴的威胁依然不绝于耳。

“事情越来越糟了，”汉克告诉我，“她只好销声匿迹六个月。一举一动都被网友评头论足，对她来说不是什么好事。”

“你和她见过面了吗？”我问他。

“没有，”他回答，“我们之间没有任何联系，除了她回头拍我照片的那一次。”

当时，从拍照的那天算起，已经过去了十个月。汉克花了十个月时间，才对她有了清晰连贯的印象。我问他，现在对她有什么想法。

“我觉得，任何人都不该受她这种苦。”

※

“或许汉克正是让这一切发生的人。”阿德里亚在旧金山机场的咖啡厅里告诉我。

“此话怎讲？”我问她。

“要不是他自己叽叽歪歪，没人知道他被解雇了。”她说，“抱怨自己被解雇，就是他的错了。也许他悄悄在人们心里播下了仇恨的种子。对不对？”

这个说法让我大吃一惊，当时都没顾得上为汉克辩护。后来，我因为没有据理力争而过意不去，就给阿德里亚发了封邮件，附上汉克告诉我的话——他从来没有联系过支持他的网友。我还表示，我觉得汉克有权在“黑客新闻”上公布自己被解雇的消息。

阿德里亚在回信中说，她很高兴得知汉克“不想引导大家攻击自己”，但她认定汉克要对此事负责。“他自己行为不当导致被解雇，却归咎于我……如果我有伴侣，还有两个孩子要养，肯定不会说那种‘笑话’。哦，等等，我比他多了同情心、同理心、道德观和伦理观，这些东西指导着我的日常行为。我常常会想，汉克这种人是怎么活下去的呢，他们似乎意识不到世界上还有其他生活方式，其他人拥有的机会比他少得多。”

※

我问汉克，那件事发生之后，他觉得自己的行为有没有变化。这扭转了他的生活吗?

“现在,我和女性同行会刻意保持一定的距离,”他说,“我不会再那么友善了。我还会开玩笑,但都是些没意思的玩笑,你根本猜不到她们会做什么。我再不敢讲加密狗那种笑话了。”

“给我举个例子吧,”我说,“你现在有了新工作……”(汉克马上就找到了另一份工作)“……还会跟女性同行说话。你对她们和过去有什么不同?”

“这个嘛,”汉克说,“我现在工作的地方没有女人,所以,你懂的。”

※

“你找到新工作了,对吧?”我问阿德里亚。

“没有。”她说。

※

阿德里亚的父亲是个酒鬼,曾对她母亲施以家暴,用锤子痛殴,把牙都打掉了。父亲离开她们之后,阿德里亚的母亲崩溃了。她既不给孩子喂吃的,也不给她洗澡。“去上学是件很艰难的事,”阿德里亚在2013年2月的博文里写道,“孩子们会笑话我衣裳脏兮兮的,嘲笑我鞋子上有洞。我的头发也是乱糟糟的。我觉得很丢人,时时刻刻都饿得要命。”最后,阿德里亚被送进了寄养家庭。

她给我发了一封自己写给父亲的信。“我是阿德里亚!你最近怎么样？我们好久没见了，我好想见你。我爱你，爸爸。我现在二十六岁了。如果你收到这封信，请一定联系我，我真的很想见到你。”

她父亲没有回信。她将近十年没收到父亲的消息了，觉得他可能已经去世了。

我问阿德里亚，童年创伤是否影响了她对汉克和亚历克斯的看法，她否认了。“大家对强奸受害者也这么说。如果你被强奸过，你就会觉得所有男人都是强奸犯。”她停顿了一下，“不，他们俩真的是人渣。”

※

我羞辱过很多人。许多人偶然显露了真实的自我。我发现他们假面具滑落，就敏锐地告诉了别人。但我现在一个也想不起来了。那么多羞辱就这样被遗忘了。但我还记得一个人，那就是《星期日泰晤士报》和《名利场》的专栏作家吉尔。他做错的事是，在去坦桑尼亚的旅途中射杀了一只狒狒，又写了一篇专栏文章谈起此事：“别人告诉我，它们很机警，不容易被打到。它们会蹿上树，拼命挣扎。狒狒求生欲很强，但这只不是。点三五七的软头弹射穿了它的肺部。”吉尔这么做的动机是什么？“我想体验杀生的感觉，射杀一条陌生生命的感觉。”

我可能是第一个在社交媒体上披露此事的人。吉尔老是给我的电视纪录片差评，所以我时刻关注他的一举一动。没过几分钟，这件事就尽人皆知了。

继扬·莫伊尔之后，吉尔现在也成了推特上的热门人物，

> 因谋害灵长类动物而备受谴责。当然，《卫报》起了煽风点火的作用。他们邀请了反残酷运动联盟的发言人斯蒂夫·泰勒。泰勒说："这在道德上完全是站不住脚的。如果他想知道射击一个人是什么感觉，就应该把枪口对准自己的腿。"
>
> ——威尔·海文，
>
> 《每日电讯报》（*Daily Telegraph*），2009年10月27日

我收到了上百条表示祝贺的信息，其中有一条很刺眼："你上学时就是个恶霸吧？"

我上学时是个恶霸？

我儿子乔尔五岁的时候，有一天突然问我："你以前胖吗？"

"胖。"我说，"我十六岁的时候挺胖的，还因为太胖被丢进过湖里。"

"哇！"

"从中能得出两个教训，"我说，"别当恶霸，也别太胖。"

"能让我看看那个时候什么样子吗？"他问我。

"看我胖的样子，还是被丢进湖里的样子？"我问。

"都想看。"他说。

我鼓起腮帮子，故意在屋里摇摇晃晃地走来走去，然后扑倒在地，嘴里发出"扑通"的声音。

"你能用慢动作再来一遍吗？"乔尔说，"能不能再往衣服里塞块垫子？"

我照办了，这次还加了点对话："求你，别把我扔进湖里！别！

扑通！”

“你能不能装得害怕一点？”乔尔说。

“求求你！”我喊道，“我会淹死的！求求你！别，别！”

乔尔吃惊地看着我。我演得太过火了，这是他的错。他就像大导演萨姆·佩金帕（Sam Peckinpah）似的，总在指示我演得更夸张一点，甚至想让我模仿在水里挣扎，大口咽脏水的样子。但我觉得，他相信我会保持一定的尊严。

但他马上就笑起来了。

“你太胖啦！”他说。

我的生活总的来说还不错，但我常常想起在卡迪夫上学的那两年——1983年到1985年。那个时候，我天天被人欺负，被人脱掉衣服，蒙上眼睛，扔在操场上。即使我换了新环境，结识了新朋友，那些年的经历总是萦绕在心头。

※

在我看来，每个参与汉克和阿德里亚事件的人，都觉得自己是在“做好事”。实际上，他们只是展示了人的想象力是多么有限，回应方式是多么狭隘。面对阿德里亚这种羞辱别人的家伙，我们只能想到“以其人之道还治其人之身”这一种办法。所有羞辱别人的家伙，都亲身体验过被羞辱的滋味，发自本能地用羞辱来惩罚羞辱。这真是目光短浅，弄巧成拙，就像笨手笨脚的建筑工人试图遮住墙上的裂缝一样。

我想起了乔纳·莱勒在润宁峡谷对我说的话：“我很期待读到你的

书，好知道怎么走出羞辱的困境。”

我不打算把这本书写成人生指南，教你从公开羞辱中走出去，恢复正常生活。但我记住了他的话。过去遭受公开羞辱而毫发无损的幸存者，能不能为如今受害者提供指导，给六神无主的他们指引道路？有没有人找到走出羞辱困境的方法？我知道该从哪里开始。

第七章
没有羞耻的天堂

F1老板和五个妓女的纳粹式纵欲

独家新闻：法西斯之子深陷希勒特式性丑闻

一级方程式赛车主席马科斯·莫斯利的性虐丑行于今日曝光。莫斯利是战时英国臭名昭著的法西斯领袖奥斯瓦尔德·莫斯利之子，被拍到和五个妓女在地下审讯室进行纳粹式的纵欲活动。

和那些女孩滥交之前，他假装是集中营里的一员，让对方检查自己的生殖器，在自己的头发里寻找虱子，以此嘲讽“二战”时犹太人在集中营守卫面前的尴尬遭遇……

有时，这个六十七岁的老头会吼道：“她需要更多惩罚！”于是，皮鞭便会像雨点一般落到黑发美女裸露的臀部上。莫斯利会用德语计算鞭打次数：“一下！两下！三下！四下！五下！”

每抽一下，女孩便会呻吟一声。头发灰白的莫斯利显然“性致勃勃”。鞭打后，他便跟女孩性交。

他那痛恨犹太人的父亲，在婚礼上请到希特勒作为座上宾的父亲，一定会对变态儿子鞭打别人时发出的德语指令深感骄傲。我们的调查员取得了记录他病态行径的录像。

——内维尔·索尔贝克，

《世界新闻报》（*News of the World*），2008年3月30日

马科斯·莫斯利在西伦敦隐居处的起居室里招待了我。屋里只有我们两个人。他妻子简住在另一栋房子里，大多数时候都在那边。就像2011年马科斯告诉《金融时报》的露西·凯拉韦的那样："她不喜欢出门，也不想见人。"

我想不起还有谁像马科斯·莫斯利这么完美地从公开羞辱中走出来。一个有权有势但不是特招人喜欢的社交界名人，一级方程式赛车主管部门（国际汽联）的主席，被《世界新闻报》的隐藏摄像头拍到了最令人瞠目结舌的纳粹式纵欲活动，却在丑闻中毫发无损，全身而退。事实上，还不止如此。人们比过去更喜欢他了。有些人把他视为一名旗手，维护了人们在羞辱面前泰然自若的权利。我就是这么想的。如今，马科斯成了每位受辱者的楷模。我想听他说说，他究竟是怎么办到的。

但我提的问题似乎让他很尴尬。"我不太擅长反省。"他说。

"但你肯定有诀窍吧，"我问，"那个星期天早上，你在报亭看见自己上了《世界新闻报》的时候……"

"那是一瞬间的事，"马科斯说，"'嗖'的一下就过去了。就像是有人说'开战了'。"他声音越来越微弱，看了我一眼，说，"抱歉，我真的不会反省。"

我想，他跟我一样对这个谜题很好奇，只是不知道答案。

“你的童年很不同寻常……”我不打算就此放弃。

“我猜，小时候受的教育让我坚强了一些，”他说，“很小的时候我就意识到，我的父母和别人的父母不一样……”

纳粹式纵欲的头条新闻出现前，马科斯·莫斯利最出名的是他的父母。当然，如果你是F1车迷除外。马科斯的父亲是奥斯瓦尔德·莫斯利爵士，1932年创立了英国法西斯联盟。他在伦敦发表纽伦堡式演讲，提出质疑的人会被灯光锁定，当众遭到群殴。奥斯瓦尔德·莫斯利则站在台上默默观望。马科斯的母亲是美丽的社会名媛戴安娜·米特福德，她和妹妹尤妮蒂都痴迷希特勒，后来都成了他的朋友。尤妮蒂给戴安娜写过这样的信：

1935年12月23日

元首是神圣的，他情绪高涨，非常快乐。有两种汤供他选择，他用抛硬币的方式决定喝哪种。他这么做的时候非常可爱。他问起你，我告诉他你很快就会过来。他说了很多关于犹太人的事，真是太有意思了。

献上最诚挚的爱，希特勒万岁！

波波

1936年，希特勒出席了奥斯瓦尔德·莫斯利和戴安娜·米特福德在纳粹德国宣传部长戈培尔家举办的婚礼。马科斯生于1940年。他刚出生几个月，父母就被关进了伦敦北部的哈洛威监狱，直至战争结束。他最初的记忆，就是去探望狱中的父母："你三岁的时候，不会觉得这有什么不同寻常的。但等你长大一些，就会意识到，社会上很多人不喜欢他们。不过，他们是我的父母，我完全站在他们这边。有人因为我父亲跟我争论起来的时候，我总是能轻易获胜，因为我知道所有的真相。"

"人们对你父亲有哪些不实的说法？"我问。

"哦，你知道，'他是希特勒的朋友'。且不论这是好是坏，我知道他只见过希特勒两次，其实不怎么喜欢他。我母亲和她妹妹确实是希特勒的朋友，但我父亲不是。"

"你父亲为什么不喜欢希特勒？"我问。

"我猜他觉得希特勒……"马科斯皱紧了眉头。

"有点夸夸其谈？"我接过话。

"有点装腔作势，"马科斯表示同意，"跟英国人比起来。但墨索里尼也是这样的人，他跟墨索里尼的关系却挺好。我觉得，他把希特勒视为墨索里尼的同行，但比墨索里尼更成功。再说我的母亲很喜欢希特勒。我觉得他俩之间应该没什么特殊关系，不过……反正你能看出有点不一般就是了。对我来说，这些事只是负担和累赘。"

马科斯转向了赛车界。在那里，没人关心他父亲是谁。2000年，他告诉《赛车运动》（*Autosport*）杂志，当他无意中听见别人说"莫斯利？肯定和制造车身的阿尔夫·莫斯利有关系吧"的时候，就知道这里是自己的归宿。马科斯二十多岁进入赛车行业。也正是从那时起，他开始光顾性虐俱乐部。

"性虐俱乐部待着舒服吗？"我问他，"在里面觉得放松吗？"

"嗯，是的。"马科斯说。从他的神情不难看出，那种地方让他如释重负。那是个没有剥削、没有羞耻的世外桃源。

“你不担心被捕吗？”我问。

“我很小心。”他说，“特别是在汽车行业激怒了不少人的时候。”马科斯指的是20世纪90年代初的事。当时，他是汽车安全法规的改革者，逼着制造商对新车进行碰撞测试。“想想他们对拉尔夫·内德做了些什么吧……”

※

1961年，一个名叫弗雷德里克·康登的年轻人出了车祸。当时，驾驶室里并不时兴装配安全带和减缓冲击的设备。结果，弗雷德里克·康登被撞成了下半身瘫痪。所以，他的朋友——律师拉尔夫·内德，开始呼吁立法强制装配安全带。通用汽车公司雇用了妓女，尾随他到西夫韦超市和一家药房，勾引并敲诈了他。

“这种事发生过两次，”我后来给内德打电话时，他告诉我，“不到三十岁的几个女人，长得不错，举止自然，一点也不鬼祟。先是攀谈，然后进入正题。”

“她们跟你说了什么？”我问他。

“第一个女人说，‘能到我家帮忙搬点家具吗？’另一个女人说，‘我们在讨论外交事务，你想来一起聊聊吗？’当时我正在等着给饼干称重！”内德笑了起来。“‘外交事务！’”

“这一切都是因为你希望在车里装上安全带？”我问。

“他们不想让政府教自己怎么造汽车，”他回答，“说得好听一点，他们在这方面抱有自由主义立场。他们雇用私家侦探，到处跟踪我。他们花了一万美元，只为查明我有没有驾驶执照。如果我没有驾驶执照，他们就可以说我不是美国人了，你明白吗？”

最后，通用汽车公司在国会听证会上被迫承认此事，并向内德道歉。这件事向他和马科斯表明，汽车产业是多么无耻，竟试图用羞辱让注重安全的对手噤声，高层人士则把羞辱用作赚钱和控制社会的手段。或许，只有当他们做得太过火了，就像拉尔夫·内德这件事一样，我们才会注意到有这种事。

※

2008年春天，一个星期日早上，有个公关人士打来电话，问马科斯有没有看《世界新闻报》。“他说，‘有个关于你的大新闻’。所以我就去了报亭。”

马科斯看见了那张数百万英国人都在看的模糊照片。赤身裸体的马科斯弯着腰，被身穿德国军服的女人抽打。此时此刻，他脑海里浮现出《奥赛罗》里的一行台词：我已颜面尽失。我已失去自身之不朽，残存的只有野蛮。

他做过的一切，都被这个微不足道的举动全盘否定了。他把报纸带回家拿给妻子看，妻子还以为是特别印出来搞笑的。后来她才意识到，这不是什么玩笑。

接下来，马科斯做的事和乔纳完全不同。他在接受英国广播电台采访时说，没错，他的性喜好是与众不同，但只要提起性，谁不会想些、说些、做些奇怪的事呢？只有蠢货才会因为这种事觉得一个人很差劲。羞辱的意义体现在，我们真实的样子和展示给外界的样子不同。马科斯抹去了两者之间的差异。而对乔纳来说，这种差异就像大峡谷那样不可逾越。

马科斯还有一张王牌。《世界新闻报》犯了个致命错误。马科斯的性虐狂欢确实是德国式的，但不是纳粹主题的。

所以，马科斯提出了上诉。

王室法律顾问詹姆斯·普莱斯（马科斯·莫斯利的律师）：我要问你一些（关于照片的）细节问题。如果你同意的话，请认真听好。第291页上面，没有和纳粹有关的东西吧？

柯林·梅勒（《世界新闻报》编辑）：没有。

普莱斯：第292页，莫斯利先生在喝茶，没有和纳粹有关的东西吧？

梅勒：对。

普莱斯：那是纳粹式的体检表吗？

梅勒：没错。

普莱斯：从照片里可以很清楚地看出，那是个塑料活页笔记本。我要提醒你，任何人把它看作是纳粹式的体检表都是很不可思议的。

梅勒：我不同意。

普莱斯：你对纳粹的体检有多少了解？

梅勒：我不是研究这方面历史的。

普莱斯：那么，说你对纳粹的医疗检查一无所知，是否公平？

梅勒：可以这么说吧。

普莱斯：一点都不了解？

梅勒：可以这么说吧。

柯林·梅勒和《世界新闻报》调查记者内维尔·索尔贝克都被传唤上庭，指认马科斯有哪些嘲讽犹太集中营受害者的行为。他们都指向了女看守给赤裸的马科斯刮体毛的照片，并指出犹太人在集中营里也被刮过体毛。但正如王室法律顾问詹姆斯·普莱斯指出的，她们在刮马科斯臀部的毛发，这跟集中营没有半点联系。此外，根据马科斯在证词中的解释，如果他们想像纳粹那样行事，“从网上或服装供应商那里很容易订到纳粹军装”。没错，她们是穿了军装，但那是德国军装。

当庭宣读两位“女看守”的邮件后，《世界新闻报》的处境变得更糟糕了：

嗨，姑娘们，周五在切尔西的活动下午三点开始。我会在中午举行司法审判。如果你们正好在附近，愿意看看的话，就上午十一点过来，但千万不要勉强。

等不及啦，真是太棒了……我已经洗干净屁股等着了。爱你。

“司法审判”？如果是纳粹活动，应该叫“人民法庭”或“军法审判”吧。为什么用的是“司法审判”呢？詹姆斯·普莱斯让《世界新闻报》解释，如果这个活动是纳粹式的，为什么录像里一名看守被反复称作“史密斯警官”。他们给不出答案。马科斯胜诉了。

他大获全胜：被告承担诉讼费用，另支付六万英镑损失费。这是近代英国法律史上对侵犯隐私权案开出的最高罚单。现在，马科斯告诉我，人们把他视为“在某些领域小有成就的被冤枉的家伙。如果我当时选择躲起来，情况肯定没有现在好”。

不到三年，《世界新闻报》就永远地消失了。2011年7月，《卫报》披露，这家报纸的一位私家侦探非法闯入惨遭谋杀的米莉·道勒的语音信箱。为了阻止丑闻继续发酵，鲁珀特·默多克停办了这份报纸。后来，内维尔·索尔贝克因窃听电话被定罪，入狱半年。柯林·梅勒并未卷入此事，现在是《纽约每日新闻报》主编。

马科斯觉得他不仅是为自己而战，还是为死者而战。他指的是像本·斯特朗一样的人。“他是英国厨师，住在法国北部，离过婚，生活放荡。《世界新闻报》一男一女两名记者去他家。他请两人吃了晚饭，上楼去换衣服，下来时几乎一丝不挂。”马科斯停顿了一下，轻声说，“真惨。”

那是1992年6月。本·斯特朗发现那两个人不是来滥交的，而是《世界新闻报》的记者，当场就哭了起来。他给报纸编辑帕齐·查普曼打了电话。根据马科斯的说法：“他说：‘求求你们，别发表！如果发表了，我就再也没法见孩子了。’但他们还是发表了。他们才不在乎呢。最后，本自杀了。”

还有阿诺德·刘易斯。1978年春天，《世界新闻报》决定潜入威尔士中部森林里举办的房车性爱派对。记者蒂娜·达格利什和摄影师伊恩·卡特勒在性爱杂志上看见一则小广告并报了名。发广告的是阿诺德·刘易斯，一名非神职的传教士。他们在当地一家酒吧碰了面。

参与者不多。有五个人露了面，其中三个就是蒂娜·达格利什、伊恩·卡特勒和阿诺德·刘易斯。阿诺德给可能晚来的人留了标记，用一个小箭头指着房车的方向，上面还注明了距离——“三点八英里”。

他们在房车里喝了点酒，吃了些饼干，然后就开始纵欲（蒂娜·达格利什和伊恩·卡特勒只是旁观，没有参与）。几天后，蒂娜·达格利什给阿诺德打电话，表明了自己的身份。

离开马科斯后，我给蒂娜·达格利什的摄影师伊恩·卡特勒打了电话。他中了风，还在恢复，不过愿意跟我聊聊。他对阿诺德·刘易斯念念不忘，他说。三十五年来，这件事一直折磨着自己。

“阿诺德告诉蒂娜，如果她发表报道，他会自杀。”伊恩说，“他是传教士。上帝啊，他是威尔士一个小村庄里的传教士。”

《世界新闻报》刊登了这篇报道。阿诺德·刘易斯自杀了，死因是吸入过量汽车尾气。报道问世的当天早上，有人在车里发现了他的遗体。那天头条新闻的标题是：“今日去森林，会有大惊喜”。

※

马科斯和我花了一下午时间试图理解这些事。《世界新闻报》的新闻刊出后，他做的某些事让公众对毁掉他失去了兴趣。他像是凭借本能做出了正确的选择。人们原谅了他。但这究竟是什么导致的？

他一度提醒我，自己可能是反社会分子。或许他是靠着反社会的力量活下来的。或许他在报亭得知这一消息时的愤怒也带有反社会性质。或许正因为他的愤怒，大家才喜欢上了他。他告诉我，1991年，也就是他成为国际汽联主席之前两年，他们“派了个精神病学家分析我，那人说我是反社会分子”。他说这些话的时候，不安地打量着我。

我叹了口气。

“你会对别人产生同情吗？”我问他。

“会啊！”他说，“我这辈子做的很多重要的事，都源于为别人感到遗憾。而且那个精神病学家根本没见过我，是在外面做的诊断。”

“好吧，我觉得你不是反社会分子。”我说。

马科斯如释重负地长出了一口气。

“有位心理学家告诉我，如果一个人担心自己是反社会分子，那就说明他不是。”

“谢谢你，罗恩，我心里踏实了，”马科斯说，“乔恩，我是说乔恩。”

“这更证明你不是反社会分子了。反社会分子才不会在乎把我喊成罗恩。”我说。

“我心里更踏实了！”马科斯说。

※

我离开马科斯家时，天色已晚。我们都觉得谜团还没完全解开，约好了要继续想下去。

“对了，顺便问一句，”我往外走的时候说，“你听说过美国有个叫Kink的性虐场所吗？我好像收到了他们的邀请。”

“Kink？”马科斯两眼放光，“知道啊！不过只在网上看过。他们有很多设备，有电气工具，还有水里玩的。只要你说得出，他们就拿得出。真嫉妒你啊！”

“太棒了！”我说。

我在推特上提到过，我在写一本关于公开羞辱的书。然后，Kink就给我发来了邀请。推特上的一名粉丝康纳·哈比卜问我，有些人会从公开羞辱中获得性快感，我会不会见那些人。

“不！”我回复说，“我从没想过这么做。”

他说，他刚好是个同志色情片影星，如果我想进一步了解他的工作，可以用谷歌搜索一下。我照办了，马上看到了很多他肛门的特写。我在邮件里问他，他是怎么做到做这种事却不觉得尴尬的。

“我觉得，想从色情影星这儿学避免尴尬或变得坚强，其实学不到什么吧。”他在邮件里回复我。他还说，色情行业的很多人后来做临终关怀：“他们不怕看见身体，能帮人们度过生老病死的转变。我不知道有什么东西能让我觉得丢人。如果你想长谈，我这边没问题。只要别让我看起来比现在还蠢就行。或许只有乔恩·罗森的文章能让色情影星觉得丢人吧？”

我皱起了眉头。

康纳的邮件引起了我一探色情业的兴致。那里真的聚集了很多不怕羞辱的人吗？那似乎是一种很棒的天赋。

他帮我联系上了一位有名的色情片导演，Kink工作室的唐娜·多勒蕾。我们通了邮件。“我从小就很怕羞，看见什么都脸红。”她写道，“后来有一天，我突然意识到，只要敞开心扉接纳觉得尴尬的东西，它们就会变得无足轻重！我自由了！”她还说，她经常靠这个获得拍色情片的灵感。她想象让自己觉得屈辱的环境，“比如在众目睽睽之下，赤身裸体待在大街上”，然后让感兴趣的色情片演员来演，这能消除他们的恐惧。

唐娜和我相约在洛杉矶共进晚餐。那天早上，我给她发了封邮件：“晚上七点见！”

下午五点四十分，我又给她发了封邮件：“别忘了一小时二十分钟后我们有个约会！”

“我知道！”她回复。

我在六点五十分抵达了餐厅。两小时十分钟后，我仍是独自一人坐在那里。我看了看她的推特，最后一条是四小时前发的：“有没有人能告诉我，晚上七点我到底该做什么！为什么我没有记下来！？”

我郁闷地走回宾馆。“如果说让别人在餐厅里干等几小时意味着不怕羞辱，”我想，“那我还是保留一点羞耻心吧。”

唐娜大半夜给我发来邮件：“我×！实在太抱歉了！”

“没关系！”我是这么回复的。

“如果你想来看的话，明天有一场当众凌辱。”她在邮件里写道。

※

午夜时分，我站在圣费尔南多山谷一家体育酒吧门外。从前门看，里面一片漆黑，空无一人，已经歇业了。但唐娜告诉我，应该绕到后面从防火门进来。马科斯告诉过我Kink有多么激动人心，但他指的绝不是这家体育酒吧。Kink的总部位于旧金山，是一座1914年建造的巨大奢华的军械库，里面有各类地牢，还有齐全的刑具。我敲了敲防火门，一个保安给我做了登记。

我四下看了看。里面有二十几个人，既有独坐的中年男人，也有一些年轻伴侣。每个人看上去都很紧张。有个男人朝我走了过来。

“我是塞拉，”他说，“塞拉·科比。”

“你是搞色情片的吗？”我问。

“二十三年来，我一直做这个。”

他的脸庞甜蜜而忧郁，让我想起了卡通片里的大狗德鲁比。

我问他具体是做什么的。他说，他不仅和唐娜合作。他是个制片人，平均每年要拍五十部色情片。这意味着，他总共拍过一千多部电影。

“今晚的计划是什么？”我问。

塞拉耸耸肩：“跟平常一样呗。大家先干，干完收工，清理干净，然后各回各家。”

他轻轻挽着我的胳膊，确保我没事。他不是唯一这么做的人。剧组成员整晚都在轻抚我的后背，挽着我的胳膊。我猜自己看上去不像是会来这种重口味色情片拍摄现场的人，大家都担心我会被吓到，甚至会晕过去。他们都很贴心，对我很关照。乔迪·泰勒正坐在角落里和唐娜谈后勤保障的事。唐娜站起身，让大家安静下来，然后说了一下戏。

“这个场景叫作‘当众凌辱’，就是公开羞辱。你们一群人刚喝过酒，玩得很尽兴，无意间发现了这家酒吧。我们进来之后，会邀请你们加入。你们可以在模特身上乱摸，但手要洗干净，指甲要剪短。这里有指甲刀和指甲锉，需要的话可以拿去用。你们可以拍她的屁股，但要记住，这个片子不是让你展示自己力气有多大。我不想看到任何人玩得过火。有时候大家喜欢炫耀拍屁股的动作。我知道你们都能拍得很用力，但这回不想看到。至于其他的，你们可以为所欲为。可以冲她吐口水，把酒浇到她身上，扯她的头发，轻轻打她的脸，但别太重了。鼓励你们大声说脏话骂她，但要把握好分寸。”她总结说，“就这样，别喝得醉醺醺，别用拳头打屁股，好好享受吧。”

唐娜和乔迪·泰勒走到外面的走廊上。唐娜往泰勒身上绑了一个球，又用锁链把她捆起来，然后给摄影师一个手势，影片就开拍了。

唐娜把尖叫的乔迪·泰勒推进酒吧，酒鬼们假装感到很惊讶。“出什么事了？”一个头戴滑雪帽的人问，同时“愤怒地”把酒杯摔在地上。

……

塞拉·科比告诉我，剧组成员要么是朋友，要么是朋友的朋友，只有一个演员是雇来的。他现在登场了。大家的胆子都变大了，但还是有点不自然。“往她嘴里塞冰块！”一个人喊道。有人把啤酒洒在乔迪·泰勒脑袋上。我试着跟拍摄现场保持一定的距离，但为了记下每个细节，有时我可能会闯进镜头。所以，如果你在看“当众凌辱”的时候，发现一个戴眼镜的男人捧着笔记本，飞快地打着字，破坏了情欲氛围，还请多多谅解。

然后，他们拍摄完毕，清理干净，各回各家。我和唐娜多待了一会儿。我告诉她，我觉得她营造的工作氛围，比大多数办公室更容易让人专注。这里不会有欺软怕硬的上司走来走去，伺机羞辱员工。“色情片行业的其他角落是不是更恐怖、更残酷？”我问她，“所以这里的每个人都特别努力？”

唐娜点点头。但她不想谈论色情片行业的其他角落，只想谈谈对“当众凌辱”的期待：“美国是个很拘谨的地方。如果我能帮到一个人，让他不再觉得自己的喜好很变态，不再为此感到孤独，我认为就成功了。但我知道，我已经帮到了不止一个人。”

※

又过了几星期，马科斯·莫斯利给我发来一封有趣的邮件。他跟我一样，也一直在想，是什么让他从恐怖的公开羞辱事件中全身而退。现在，他觉得找到了答案。答案很简单，就是他拒绝感到羞耻。

他说：“只要受害者迈过‘拒绝感到羞耻’这道门槛，一切就都无关紧要了。”

他的邮件我反复读了几遍。真是这样吗？真的只有当受害者感到羞耻，公开羞辱才能起作用？乔纳和贾斯汀无疑经历过内心的激烈挣扎，马科斯却轻而易举地做到了。我不禁想知道，“不知羞耻”是与生俱来的吗？还是在后天逐渐形成的？

就这样，我找到了一个开课传授如何消除羞耻感的人。

第八章
消除羞耻感工作坊

十二名互不相识的美国人，围坐在芝加哥万豪酒店的一个房间里。其中有西装笔挺、循规蹈矩的生意人，有时髦的嬉皮士夫妇，也有梳着乡村摇滚歌手威利·尼尔森（Willie Nelson）式马尾辫、满脸皱纹的老人。坐在中间的是布拉德·布兰顿（Brad Blanton）。他身材高大，身上的衬衫和头发一样黄白相间，领子敞到胸口。加上暴晒过度的脸庞，他看起来就像丢在脏雪地里的红皮球。

他开始发言："一开始，我希望你们说出最不希望被别人知道的事。"

※

"很多人一辈子都为自己的相貌、感觉、言语和行为感到羞耻。这就像青春期的担忧永远持续下去了一样。在青春期，你时刻都担心别人会怎么看你。"

几个月前，我跟布拉德·布兰顿在Skype上聊天。他告诉我，作为心理治疗师，他理解为什么有那么多人“长期生活在被曝光的恐惧中，害怕被人指责不道德或不够优秀”。

不过，他还告诉我，他发明了一种方法，能消除这些感受。这种方法叫作“绝对坦诚”。

> 布拉德·布兰顿称，我们应该不经过大脑，直接说出心里想说的话，怎么想就怎么说。向上司坦言你计划创办自己的公司。如果你对小姨子抱有幻想，就把这个幻想告诉妻子和小姨子。这是和别人建立真实关系的唯一途径，也是化解现代人之间疏离感的唯一方法。
>
> ——A. J. 雅各布，《我觉得你很胖》，
> 《时尚先生》（*Esquire*），2007年7月

布拉德认为，我们把羞辱内化后，羞耻感会在心底滋长。看看疯狂逃避的乔纳就知道了。然后再看看马科斯·莫斯利。布拉德最喜欢的动物是狗。狗从不说谎，不会感到羞耻，永远活在当下。马科斯·莫斯利就像一只狗。我们每个人都应该像狗一样。变成狗的第一步，就是把最不希望被别人知道的事说出来。

我的作家兼播音员朋友斯塔利·凯恩几年前为了写书，上过布拉德的课。我飞去芝加哥之前跟她见了面。我不希望她透露课上会发生什么，想要自己去探索，但她还是说了课程一开始是什么样子。她说，参与者必须先说一个秘密。

“在我的团队里，”斯塔利告诉我，“第一个揭露秘密的人说他

十年没交税了。大家有些失望地点点头，因为这实在太普通了。接下来那个人说，他杀过一个人。他跟某个人在卡车里动起手，打了那个人的头，又把他扔下车。旁边开过的一辆车刚好碾了过去。他没有因此坐牢，也没有告诉过任何人。”

“布拉德·布兰顿怎么说？”我问她。

“他说：‘很好，下一个。’接下来是个女的。她说：‘唉，我的秘密太无聊了！我猜可以说说我跟猫发生关系的事。’刚才那个杀人犯马上举手说：‘不好意思，插一句，我要多说一个秘密。我跟猫也发生过关系。’”

斯塔利觉得，布拉德开这种课简直是疯了。如果不是亲眼看见乔纳和贾斯汀被毁掉，马科斯得到救赎，我可能也会觉得开这种课是疯了。

“好吧……”坐在我对面的女人梅丽萨打了头阵。她是个成功的律师，但她最痴迷的却是性虐待：“受辱最能让我性欲高涨。”她甚至造了个地牢。不过，地牢并不是她的秘密。她的秘密是去年赚了五十五万美元，她为自己赚了这么多钱感到羞耻。

后来，我给斯塔利讲这件事的时候，她告诉我，梅丽萨其实是布拉德那儿的常客。她是布拉德的宠儿。

“梅丽萨跟每个人都讲过地牢的事，”她说，“她会通过你的反应来评判你。”

文森特坐在梅丽萨旁边。他的秘密是，他开始后悔报名上这个课了。“这是个草率的决定，而且五百美元对我来说不是个小数目，”他说，“我本来打算拿这笔钱去泰国找我女朋友的。”

“他交的是全款吗？”布拉德问梅丽萨。

“只交了一百五十美元押金。”梅丽萨回答。

“让他补齐。”

布拉德开诚布公地表示，他更关心从文森特那里收到三百五十美元尾款，而不是向他保证，报名上课是个明智的决定。

“我能在课间休息的时候再交钱吗？”文森特问。

布拉德投去了怀疑的目光。

接下来发言的是艾米莉。她的秘密是靠卖大麻为生。

“按盎司卖？”有人问。

“按磅卖，”她回答，“大约三千四百美元一磅。”

“你担心被捕吗？”我问。

“不担心。”

“我们很谨慎。”艾米莉的男朋友马里奥告诉大家。

马里奥的秘密是，他有时会告诉艾米莉，她有点胖。

“你不胖。”我对艾米莉说。

马里奥的另一个秘密是：“我会梦见强奸女人。我会把遇上的第一个女人推倒，对她为所欲为。”

“下次你梦到我好不好？”梅丽萨插了一句。

我觉得头疼，便问大家：“谁有治头疼的药吗？”梅丽萨从包里掏出一个小口袋，里面装满了颜色、形状不一的药片。她拿了两粒递给我，我吞了下去。

“谢谢你，”我说，“不知道你给我的是什么药。说实话，我闪过一个念头，觉得那是迷药。”

“哇，这种感觉真不错！”我想，“我怎么想就怎么说出来了，不用考虑后果！”

梅丽萨瞥了我一眼，显得很难以置信。

吉姆是一家石油公司的工程师。

“我不希望你们知道……”他停顿了一下，“……我吸毒。”

他如此安静地说出这个秘密，大家都吃了一惊。

“你们公司没做过这方面的检查吗？”有人问。

“做过。”吉姆答道。

“那你通过了？”布拉德问。

“对，”吉姆说，“目前为止还没出问题。”

“你是怎么办到的？”布拉德的朋友希尔玛问。她的秘密是看男男色情片。

“我……我也不清楚。”吉姆说。

“你吸哪种毒品？”布拉德问。

“我喜欢……大麻。”吉姆回答。

一阵短暂的沉默。“你抽的多吗？”我问他。

“三周一盎司吧。”

“不是吧！”艾米莉尖叫起来。

“有次我搭上了一个人，开始以为是个女的，后来发现是个男的。我跟他玩了一阵，然后付了钱。”吉姆说。

吉姆的新秘密似乎让大家觉得不那么无聊了。

玛丽的秘密是，被女伴阿曼达拒绝让她很难过。“我五十岁了，孤身一人，”玛丽目光低垂，“找不到自我。”

玛丽不是待在家里自怨自艾，情况比这还糟糕。她不停地给阿曼达打电话。阿曼达曾对她说过：“有一天我会娶你的。”但现在阿曼达只会说，“别再给我打电话了。”

布拉德让玛丽坐到“热点位置”上。他指着一把空椅子。

“如果阿曼达现在就坐在你对面，你会对她说什么？”布拉德问她。

“我会告诉她，我讨厌她，因为她不让我打电话过去。”

“现在就这么告诉她。”布拉德说。

“我讨厌你对我说‘别再给我打电话了’。”玛丽轻轻地对那把空椅子说。

“现在用你生气的声音，看看是什么感觉。”布拉德说。

“×你妈的！”玛丽声嘶力竭地吼起来，“我讨厌你先是说‘有一天我会娶你的’，然后又不守承诺！×你妈的！我讨厌你！你有时跟个婊子似的，你知道吗？我讨厌你这么对我……我讨厌你许下美好的承诺，又把它们全都夺走……”玛丽开始泣不成声。

“很好，”布拉德说，“你打算什么时候当面对她说？”

玛丽哽咽着：“我正在考虑在哪里说比较好……”

“给她打电话，”布拉德告诉她，“说：‘这不是个请求。我们要么私下谈谈，要么当着你全办公室人的面。给你一天时间做决定。’”

“好吧。”玛丽轻轻地说。

“那么，什么时候？”布拉德问。

“下周末之前？”玛丽说。

“行。”布拉德说。

有性瘾的兽医杰克看上去有点心神不宁：“你开这种课大家怎么不会报警啊？”

“你是逼着大家离开，”我表示同意，“把和事情无关的人牵扯进去。有人会受伤的。有时必须报警。”

“有时人们会报警，”布拉德耸耸肩，“警察过来要花二十分钟，所以你有二十分钟宣泄愤怒。”

“这种课程管用吗？我简直无法想象。”我说。

“这是因为你一辈子都在被洗脑，觉得会发生可怕的事，”布拉德说，“是啊，人们会发疯，会抓狂，但也会熬过去。人们担心的是前五秒，我关心的却是接下来的五分钟。我承诺和他们待在一起，直到扛过这件事。”

布拉德说，最后一部分最关键。你和刚刚还在痛骂的人待在一起，直到怨恨烟消云散。伤口就是这样愈合的。

文森特，就是后悔报名上课的那个人，突然宣布：“抱歉，我要走了。这里不适合我，很抱歉。”

“我讨厌你说要走。”梅丽萨说。

“好吧。”文森特说。

“我觉得这种厌恶永远也不会消失。”梅丽萨说。

天哪，我想，放过这个人吧。她才刚刚认识他啊。“我讨厌你因为他要离开而永远厌恶他。”我对梅丽萨说。

“感谢你坐在这里听我说话。”梅丽萨对文森特说。

“谢谢你。”文森特说。

“别跟这儿磨磨叽叽了，”有性瘾的兽医杰克说，“我讨厌你说要离开，也讨厌你现在还待在这儿。”

文森特走了。

当天的课程结束了。我告诉大家，我快累死了，就不跟他们一起吃晚饭了，希望大家别见怪。我打算看会儿电视，发几封邮件。

“我觉得被忽视了。”布拉德说。

“啊，没有的事。”我说。不过我知道，他确实是这么想的。

※

我急着回屋还有另一个原因，我没跟任何人说。我的工作出状况了，写的一个故事出了问题。编辑跟我针锋相对，发来了几封剑拔弩张的邮件。

刚开始，那听起来像是个有趣的故事。新闻界有个传统，就是让记者做卧底，亲身体验不公平待遇。第一个这么做的是约翰·霍华德·格里芬。1959年，他在身上涂颜料，假扮成黑人，花了六星期深入实行种族隔离的南方腹地。1961年，他出版了《像我一样黑》（*Black Like Me*），记述了这段经历。编辑们时不时怂恿我也去尝试一下。这一回，他们希望我体验另一种不公平待遇。

“我们希望你扮成女人，”编辑说，“我们会找易容专家把你打扮得天衣无缝，还会找运动教练告诉你怎么像女人一样走路。”

“女人和男人走路的姿势不一样吗？”我问。

“对。”她说。

“我还是头一次听说，”我说，“这还真挺有意思的。作为男人，我很少被色狼盯上。但作为女人，恐怕就会经常遇到色眯眯的眼神了。那会让我有什么感觉？没有男人在场的情况下，比如在女子健身房和女性桑拿池里，女人的一举一动会有什么不同？我很感兴趣。我接受！”

于是，我在伦敦西边一所大学里跟易容专家见了面。她在我脸上涂满藻酸盐，做了脸模，又花了几星期做出女性面部特征。我戴上面具，看起来就像个脑袋比较大的女人。后来，编辑打电话约我见面。

“不错嘛，”她说，“你放心，不用人造脑袋，我们也能让你看上去更像真正的女人。”

“你确定？”我说。

“运动教练几小时的训练成果，绝对会让你大吃一惊。”她说。

“你不觉得太依赖运动教练不好吗？”我问，“我被假面具说服参与计划的。”

“我向你保证，只有等你变成合格的女人，我们才会放你出大楼。”

于是，在杂志社角落的空会议室里，我被打扮成了女人，套上假发，穿上长裙，戴上定型胸罩，在运动教练的指导下训练了几小时。他们还给我拍了照片。最后，我用运动教练传授的方式走出会议室，走到编辑面前。

看见我的时候，她轻轻咽了下口水。

“太不可思议了！”她转向副主编，“他们是不是干得太棒了？”

副主编也咽了下口水："确实！"

"你看上去就像个女人，"编辑说，"现在出去体会一下女人的生活吧。"

"我觉得自己看上去不像女人啊。"我说。

"怎么会？"编辑说，"简直没法再像了。"

"我觉得自己身上没有一处像女人。"我说。

她瞥了一眼我备受折磨的表情。我犹豫了一下，然后走向出口。脸上的面具被汗水打湿了。我回头瞄了一眼，发现编辑们都充满期待地看着我，示意我走出去。我感觉很糟，呼吸急促，胃部痉挛。

我停下了脚步。不行，我办不到！我转过身，走下楼，换回了男装。

一星期过去了，我们还在冷战。编辑觉得我太不敬业了，小题大做，过于敏感。"别想太多，乔恩，"她在邮件里写道，"只是玩一下嘛，别把它当成什么中年危机。"我觉得，报道的初衷已经不复存在。他们之所以怂恿我男不男女不女地到外面乱逛，是因为干我们这行的，越是丢脸的事，越是为人津津乐道。在记者的生活中，羞耻是很重要的因素。我们一方面要避免自己受辱，一方面让别人蒙羞。

"绝对不能让任何人看到测试照片，"我整整一星期都在想，"绝对不能。"

现在，躺在酒店房间里，我终于弄清了真相。对蒙羞的恐惧让我错失了某种体验。扮成女人原本是一次很棒的冒险经历，但我错过了。我被恐惧束缚住了，不敢越雷池一步。这意味着，我跟绝大多数人没什么两样。大卫·布斯的著作让我产生了这种想法。布斯是得克萨斯大学奥斯汀分校的进化心理学教授。

21世纪初的一次鸡尾酒会上，布斯某个朋友的妻子当众和另一个男人调情。“她是个不同寻常的女人，”布斯后来写道，“她轻蔑地看着丈夫，对他的打扮评头论足，然后扭头继续跟别人调情。”

布斯的朋友在外面气得直跳脚，觉得受了奇耻大辱，扬言要杀了妻子。布斯说：“我一点也不怀疑他干得出这种事。他当时气疯了，跟平时完全不一样，似乎无论谁靠近他都有生命危险。我当时都有点担心自己的安危了。”

他后来冷静下来，没有杀掉妻子。不过，布斯对这件事念念不忘。他决定做个实验，问五千个人有没有想过要杀掉别人。

“我从来没有过杀人的念头。”布斯在著作《邻家杀手》（*The Murderer Next Door*）里写道。

根据他的调查，百分之九十一的男性和百分之八十四的女性“至少有一次想要杀人”。有些男性想过“雇个爆破专家”把坐在车里的上司炸飞，有些女性想让同事“粉身碎骨”，“先把他的手指脚趾掰断，再慢慢弄断其他骨头”。有人想用棒球棍把仇家打得脑浆迸裂，有人想把对方先掐死再斩首，有人想在做爱时给对方致命一击，有人想用火烧死对方，还有人想动用杀人蜂。

“杀手在伺机而动，”布斯在书里令人不寒而栗地总结说，“他们在观察。他们就在我们身边。”

布斯为这个发现烦恼不已，我却认为这是个好消息。只在头脑中设想谋杀，却不付诸实施，我们正是这样形成道德观的。所以，我不太认可布斯的结论。但在他的研究里，我发现了一些不寻常的东西。根据布斯的助手约书亚·邓特利发来的邮件，这些东西“没有经过特别强调”。也就是布斯问大家，什么让他们有了杀人的冲动。

有个男孩想过绑架同学，“打断双腿，让他跑不了，拼命揍他，直到五脏破裂，然后把他绑在桌上，往头上倒硫酸”。这个同学对他做过什么呀？“他‘无意间’把书砸在我头上，朋友们全笑得合不拢嘴。”有个白领想过“在上司的车里动点手脚，让他的刹车失灵，在高速公路上出车祸”。为什么？“他当着别人的面嘲笑我，让我觉得自己是个彻底的失败者。我丢人丢到家了。”

几乎没有谁的杀人妄想源于真正的危险，比如被前男友跟踪之类的，而全是源于对羞耻的恐惧。布拉德·布兰顿说得对，内化的羞耻会导致痛苦。乔纳·莱勒就是这样。把羞耻感释放出来能带来自由，或者至少能化为幽默。幽默本身也可以算是一种自由。

所以，我决定在布拉德的第二堂课上开诚布公。我要把羞耻感释放出来。我要做马科斯·莫斯利。我要“绝对坦诚”。

※

第二堂课上，布拉德当着大家的面问我，想不想坐上“热点位置”，因为第一堂课上我实在太沉默了。

我清了清嗓子。大家都露出期待的笑容，就像有趣的电视节目马上要开播一样。

我犹豫了一下。

“其实，我不想。”我说。

期待的笑容马上化作了嘲笑。

“事实上，”我解释说，“我觉得我的问题没别人那么多。而且，我也不喜欢起冲突。”

我特别说明，我对起冲突没什么偏见，特别喜欢看别人对骂。如果马路上有两个人互相谩骂，我通常会离得远远的，停下来看他们吵架。但我自己不爱这么做。

“所以，希望大家不要认为我不喜欢‘热点位置’，”我总结说，“到目前为止，‘热点位置’是这门课里我最喜欢的部分。其他长篇大论都很无聊，只有‘热点位置’还有点意思。”

“所以，你希望‘热点位置’上有人，而那个人不是你？”布拉德的朋友希尔玛问。

“对。”我说。

“按我说，你现在就坐上去，赶紧。”希尔玛说。

“不行，不行。”我再次拒绝，“别人坐上去我心里更舒坦。”

“㞞货！”希尔玛喊道，“你就是个㞞货！”

“如果你有机会骂乔恩，千万别留情。”布拉德说。

“哈哈。”我说，“但说真的，即使坐上‘热点位置’我也没啥好说的。我不想造成冷场，也不想旧事重提，说不定只好胡诌了。我只是觉得，别人的问题可能比我多。”

“扯淡吧！”希尔玛喊道。

“你丫就是一秀优越的装货！”布拉德说。

“我没觉得我哪里装了啊。”我吃惊地说。

“‘你们这帮人需要，而我不需要。’”布拉德模仿我的语气说。

“我真的很烦你那么说，”有性瘾的兽医杰克说，“太装了。我也讨厌你整天鼓捣你那破手机，让我心烦意乱的。我讨厌你玩手机！”

“手机这件事我能解释一下吗……”我说。

“我们才不管是什么原因呢，”布拉德说，“你解不解释我们都讨厌你。”

“不带这么沟通的吧。”我说。

“哈哈哈哈！”希尔玛忽然发出一阵刺耳的笑声。

“乔恩，你想不想说说讨厌这里的哪个人？”梅丽萨试图把场面拉回正轨。

我停顿了一下：“不想。”

“我只想让你知道，你就是一半吊子作家，你说的东西都是扯淡。”布拉德吼道。

“好！”我也发火了，“我讨厌你……”我瞪着杰克说，“……说我装。我没装！我说我觉得你们的问题比我多，完全是因为你们在这间屋子里说过的话。我也讨厌你……”我转向希尔玛，“……就像布拉德的托儿和跟班似的。我最最讨厌的，莫过于重视理念而非行为的人。我遭到你们集体围攻，就是因为布拉德的理念。”

“你说我的那些话全是扯淡！”希尔玛喊道，“他想告诉我‘滚蛋吧’，却害怕起冲突！他脑子让驴踢了！”

“我讨厌你不停喊我尿货，说我扯淡，因为……”我说。

“别说‘因为’，”希尔玛说，“那是解释说明。”

我目瞪口呆地盯着她。她这在教导我吗？事实上，我突然意识到，这些嘶喊并没有破坏他们的治疗环境。这就是“绝对坦诚”。这对布拉德的一些客户有奇效，但对我没有。我开始感到强烈的气愤。

“我告诉你该怎么说话，你会讨厌我吗？”希尔玛说。

“对，还真他妈是。”我吼道，“我讨厌你告诉我该怎么说话。”

“可怜的小东西，”布拉德说，“很抱歉，伤到你敏感的内心了。

好了！”布拉德拍了一下手。“该开饭了！我不想丢下你，乔恩，但我必须去做饭了。”

大家站起身，鱼贯而出。

他们要开饭了？“但我还很气愤啊。”我说。

“很好！”布拉德说，“希望你吃午饭时能保持情绪。”

“我觉得这么做毫无意义。”我一边嘟囔着，一边穿上夹克。

在饭店走廊里，卖大麻的马里奥微笑着对我说：“我觉得布拉德跟你还没完呢！”我知道马里奥为什么这么说。布拉德刚刚似乎打破了自己的金律。他没有确保每个人都待在一起，等我的怒气渐渐散去。没有一个人得到了成长的机会。我在气头上被赶到了芝加哥大街上。

他们吃饭的时候，我气得在街上跳脚。午饭后再过几小时，我就要坐飞机回纽约了。所以，我向布拉德宣泄了不满。

“你在最关键的节点开饭，”我说，“让我一个人忍受煎熬。”

梅丽萨朝我靠过来，摘下我的棒球帽。我往后缩了缩。

“我很可能愤而自杀的。”我说。

“我们已经比平常的饭点迟了十分钟，所以我才决定离开你去做饭的。”布拉德说。

然后，一切继续进行。讨厌我玩手机的有性瘾的兽医杰克坐上了“热点位置”，讲述了父亲是怎么当着他的面殴打母亲的。那是个令人心碎的故事。他讲述的时候紧闭双眼，我趁机瞄了一眼推特。我可受不了无法随时了解推特动态。没过多久，我就坐飞机回家了。

我们保持联络了一段时间。玛丽通过邮件汇报了她和阿曼达的最新进展："我试了'绝对坦诚'的方法，她非常抗拒，怀有戒心。我基本表达了我想表达的东西。我能感觉到，跟她说话的时候，自己的怒火在逐渐退去。后来，我在健身房还会碰到她，有时会'无视'她，有时会客客气气地说话（不过次数不多）。"

另一个成员群发了邮件，告诉我们他试着对妻子"绝对坦诚"，但被妻子一把推开。所以他告诉妻子，他打算"'抄起斧头砍死她，来保护自己'。当然，她吓坏了，因为她知道我经常把现实和幻想弄混。我们都是这样。后来，警察来了。我正在应聘的工作很看重信用资质，如果我被逮捕，工作就没戏了……我爱你们，尤其是迷人的希尔玛，我想和她（你）做爱，或许还会把她（你）当妻子对待"。

布拉德写了回信，抄送给所有人："你说的话太疯狂了。你最好找个精神科医生，开点温和镇静剂。"

"绝对坦诚"对我来说不是一次成功的尝试。但我开始相信马科斯·莫斯利的观点"一旦受害者迈过'拒绝感到羞耻'这道门槛，一切就都无关紧要了"确实是他的诀窍所在，是他能逃出生天的原因。直到缅因州肯尼邦克发生了一起新的公开羞辱事件，我才不得不重新思考一切。这起羞辱事件让我意识到，马科斯能全身而退其实另有隐情。那是我从来没有想过的。

第九章
公开羞辱的“红字”名单

缅因州，肯尼邦克——夏日汹涌的人潮早已退去，树叶也开始变黄。但这个适合拍明信片的海边小镇，近日来却被恐惧笼罩。

警方耗时一年多，调查当地的尊巴舞老师（亚历克西斯·赖特），发现她在市中心的健身房除了提供健身培训外，还另有用途。警方称，这里其实开着一家单人妓院，有一百五十多名客户。她偷拍了他们的性爱行为……据传，这些顾客里有不少声名显赫的人。

——凯瑟琳·Q. 希利，

《纽约时报》，2012年10月16日

老布什总统在肯尼邦克港的沃克尔点（Walker's Point）有一座海滨别墅，距离肯尼邦克只有四英里。有时，一些窗户遮得严严实实的轿车会从城里开过来，里面坐着弗拉迪米尔·普京、比尔·克林顿或尼古拉·萨科齐。除此之外，肯尼邦克再也发生过什么大事了。

> 顾客名单里会有哪些人？布什家族成员？特勤局人员？前中情局局长彼得雷乌斯将军？
>
> ——贝瑟尼·麦克林，《流言小镇》（*Town of Whispers*），《名利场》，2013年2月

一位辩方律师斯蒂芬·施瓦茨向缅因州最高法院提出申请，请求不要公开这份名单（其中两个是他的客户）。他指出，美国仍是清教徒国家，“名单一旦被公开，这些人就会被戴上通奸者的红字标记”。法官拒绝了他的请求。肯尼邦克当地的报纸《约克郡海岸明星报》（*York County Coast Star*）公布了名单。

名单上共有六十九个人，六十八个男人和一个女人。很可惜，没有布什家族成员，连布什家的保安都没有。但里面有一些肯尼邦克的上流社会人士，包括南波特兰拿撒勒教会的牧师、律师、高中曲棍球教练、前镇长，还有一位退休教师和他的妻子。

这在公开羞辱界是个特例，过去从未发生过这种大规模集体事件。由于我的工作是比较不同的人在面对公开羞辱时的反应，这对我说就像美梦成真了一样。平时怎么可能弄到这么多样本？名单里的一些人会急于讨好别人，接受别人对自己的否定，进而自己否定自己，形成恶性循环。一些人会绝望地握紧双拳，无法自拔。有些会像乔纳一样严肃刻板，有些会像贾斯汀一样自作聪明。还有些会像马科斯·莫斯利一样。对我来说，肯尼邦克是个完美的实验室。谁会被公众唾弃，谁会得到谅解？谁会心力交瘁，谁会全身而退？我开车过去寻找答案。

在比德福德地方法院一号庭上，名单上的六个人坐在长椅上，神情肃穆地面对新闻工作者的镜头。媒体区的记者可以盯着他们，他们怎么都躲不开。这让我想起了纳撒尼尔·霍桑在《红字》（*The Scarlet Letter*）里描写的示众场景："这套刑具刚好把人的脑袋紧紧卡住，引颈翘首供人围观。这个木头和钢铁制成的刑具极尽羞辱之能事。在我看来，没有什么……比不让罪人藏起羞愧的面孔更残忍的了。"

每个人都沉默不语，显得有点尴尬，就像处于某种进退两难的境地一样。这是个突发新闻，肯尼邦克公众还来不及回避。无论回避本身明示或暗示着什么，目前什么事都还没发生。我这个外人抢得了先机。

法官入座，正式开庭。庭审过程没什么可说的，被告轮流起立，接受判决。每个人都被判有罪，罚金按次计算，每去一次亚历克西斯·赖特的妓院罚三百美元。当天最高的罚金是九百美元。然后休庭，被告获准离开，大家匆忙离场。我跟着最后一名被告走出去，其他人都不见了，只剩下他。我向他做了自我介绍。

"你可以采访我，"他说，"但我想要点回报。"

"什么回报？"我问。

"钱。"他说，"不用太多，只要够在沃尔玛给孩子买件礼物就行。然后，我就会告诉你所有细节，统统告诉你。我和亚历克西斯做了什么事。"

他是个大块头，眼神绝望而迷乱，就像要给我看一本最棒的色情小说似的。"我统统告诉你。"他说。

我说，我不会为某人讲述自己的罪行付钱。他耸耸肩，走开了。我开车返回纽约，给名单上的六十八个男人和一个女人发邮件，请求采访他们，然后等着。

几天后，我收到一封邮件。

> 好的，我们可以谈谈。我以前是拿撒勒教会的牧师，现在不幸被卷入丑闻。
>
> 你真诚的，
>
> 詹姆斯·（安德鲁）·费雷拉

※

“你好，乔恩。”安德鲁·费雷拉的声音友善但疲倦，显得有气无力。一位前教会领袖，正在努力适应不再需要他领导的世界。这是他第一次跟记者谈话。对他来说，过去的几天非常难熬。妻子离开了，工作也丢了。他说，已经发生的事是不可避免的，但将来是未知的。教会要怎么处置他，他将怎么面对处罚，统统是未知数。

我问他为什么要去找亚历克西斯。

“也许是我的婚姻不够美满吧，”他说，“算不上糟糕，但总觉得缺了点什么。反正我们只是在一个屋檐下生活。我读过《波士顿环球报》一篇关于Craigslist[①]杀手的报道，你有印象吗？他杀了一个二十多岁的应召女郎。《波士顿环球报》说，很多应召广告从Craigslist转移到了backpage.com。如果你想找个人陪陪，找点乐子，就上backpage.com吧。我就把这句话记在心里了。真希望我没记住啊！可惜，有些东西就是会钻进你脑子里。从此，我就开始关注这类信息了。”

---

① Craigslist是一个分类信息网站，和国内的58同城、赶集网等类似。

安德鲁去过亚历克西斯那里三次。最后一次见面时，“我们开怀大笑，笑得肚子疼。这超出了我去那里的目的。她在我看来不再是物体，而是人了。这戳穿了我的幻想。我赶紧离开了那里。我不是轻易动感情的人，但回到车里，我的眼泪止不住掉了下来”。

那是他最后一次去找亚历克西斯。

“过去几天你是怎么过的？”我问他。

“我没有孤零零待在家里，”他说，“我去参加了一个陌生人聚会。就是一帮人聚在一起，每个人都是匿名。我们一起玩桌游。此外，我还写日记。我应该拿这些消息怎么办？要是我等上一阵子，比方说六个月或者一年，把日记拿出去发表，会有人接受吗？”

“就像回忆录？”

“我可以把它当作新型传教方式吗？”他说，“我应该从什么角度切入？我可以警告人们不要步我的后尘，也可以从其他角度出发。不过，我不想变成卖淫合法化的倡导者。所以我得好好想一想，这究竟意味着什么……”他的声音越来越低，“我该做些什么？我还不知道。不幸的是，我已经四十九岁了，却把自己的人生变成了警世故事……”

“你跟名单里的其他人见过面吗？”我问。

“没有，”他说，“我们甚至不知道自己是同一家俱乐部的成员。我们没理由也没机会相互接触，或者聚在一起。”

“所以你基本是听天由命了。”我说。

“是的，”他说，“这才是最糟糕的。充满期待才可怕。”

安德鲁向我保证，他一受到指责（无论是网上还是镇上的）就会联系我。他信誓旦旦地表示，只要出现苗头，第一时间就会给我打电话。

我们互道珍重。结果一连数月，他音讯全无。

所以，我给他打了个电话。接到我的电话，他似乎很开心。

“一直没你的消息，”我说，“发生了什么事？”

“事情过去了。”他说。

“没被指责？”

“根本没有，”他说，“我想象的比实际发生的糟糕得多。”

“贾斯汀·萨科被毁了，”我说，“当然，乔纳·莱勒也是。还有贾斯汀·萨科！而她根本没做错什么！你却什么事也没有？”

“我没法回答，”安德鲁说，“我也不理解。事实上，我跟三个女儿的关系从没这么好过。小女儿说：‘就像重新认识你一样。’”

“你做的事反而让她们觉得你更有人性了？”我问。

“没错。”安德鲁说。

“天哪，”我说，“贾斯汀和乔纳做的事，却被视为毫无人性。”

他补充说，他的婚姻终结了，也没法继续在拿撒勒教会当牧师了。这些是无法挽回的。但除此之外，他感受到了人们的善意和宽恕。其实，那不是善意和宽恕，而是一种更好的东西。那就是，一切归于平静。

安德鲁给我讲了个故事。亚历克西斯·赖特的商业合作伙伴马克·斯特朗因为给妓院提供资金出庭受审时，安德鲁也被法庭传唤了。他可能会要出庭做证，所以待在法庭后面的一间小屋里。过了一会儿，又进来了六个人。他们互相点头致意，坐下后却一言不发。试探性地聊了几句之后，他们意识到，法庭怀疑他们都是亚历克西斯·赖特的客户。他们都在名单上，这是第一次见面。他们马上开始焦急地互相打探消息。他们聊的不是亚历克西斯——每个人都对此讳莫如深——而是出去后会发生什么。

“一个人说：‘我给老婆买了辆新SUV。’另一个说：‘我搭上了一趟巴哈马之旅，还有一个新厨房。’大家都笑了。”

“没有一个人受到指责？”我问。

“没有，”安德鲁说。“对他们来说，这事也过去了。”

但有个例外，安德鲁说。他们聊起了那个找过亚历克西斯的女人。

“每个人都嘲笑她，”安德鲁说，“然后，有个安静的老绅士突然说：‘那是我妻子。’你能想象当时的场景吗？一切都不一样了。”

“你们开了什么关于他妻子的玩笑？”我问。

“具体的我也记不清了，”安德鲁说，“反正不只是嘲笑。男人用异样的眼光看待她，觉得发生在她身上的事更丢人。”

放在清教徒时代，马科斯和安德鲁的罪行会比乔纳判得重。根据特拉华州的法律，乔纳的罪行是“撒谎或散布虚假消息”，将被判罚款，戴枷锁“不超过四小时，或者当众鞭打不超过四十下”。而马科斯和安德鲁因为“玷污婚床”，将受到当众鞭打（次数并无限定），收押入狱，至少做一年苦力。如有再犯，则终身监禁。

但时过境迁，性丑闻已经没有工作失职或种族歧视那么招人白眼了。但前提是，你得是男人。我突然弄清了马科斯幸免于难的真正原因。因为没人关心。马科斯毫发无损的原因在于，他是被卷入性丑闻的男人。这就意味着，没有人因此会指责他。

我给马科斯发了封邮件。“没人关心！”我写道，“在所有公众丑闻中，卷入性丑闻的男人或许是最值得庆幸的了。”马科斯不是任何人的攻击目标，我这样的自由主义者不关心，那些吹毛求疵、上纲上线、厌恶女性的家伙更不关心。马科斯根本不会招人白眼。

一小时后，马科斯回了信：“嗨，乔恩，我觉得你说得对。”

※

其实，并不是没人关心。马科斯的妻子就很关心，《每日邮报》的编辑保罗·达克雷也很关心。2008年，在编辑协会的演讲中，保罗将马科斯的纵欲称为“堕落的变态行为，文明的举止荡然无存”。这次演讲是对羞耻心沦丧的沉痛哀悼。达克雷将贾斯蒂斯·伊迪视为厚颜无耻的化身。伊迪是在马科斯状告《世界新闻报》侵犯隐私权案中支持马科斯的法官。

> 法官判马科斯胜诉，因为他没有像《世界新闻报》写的进行“病态的纳粹式纵欲”。但在我看来，这个逻辑简直太荒谬了，因为一些参与者显然穿着军装。莫斯利用德语下令，让一个妓女假装在他头上捉虱子，还有一个妓女用藤条抽打他的后背，直到出血为止。在贾斯蒂斯·伊迪看来，这种行为只是“不合常规”。
>
> 贾斯蒂斯·伊迪的判决最令人担忧之处在于，在谈到道德伦理的时候，他认定英国目前的法律不带有道德色彩。这种裁决体现了“去道德化”倾向，所以我要谴责他。
>
> ——保罗·达克雷，编辑协会的演讲，2008年11月9日

自从我告诉别人，我在写一本关于羞耻的书，很多英国上流社会的老绅士就纷纷表示祝贺，并毫不客气地断言现在的年轻人不知羞耻。有一回，我在聚会上遇见一位有名的建筑师，他就说过这样的话。还有一位宗教节目广播员向我哀叹，宗教道德的沦丧导致整个社会不知羞耻。我能明白为什么有人这么想。因为在我们这个年代，有些教会的牧师上妓院都没人关心了。我觉得安德鲁和马科斯应该好好感谢唐娜这样的女性，感谢她们消除了自己的羞耻感。唐娜孜孜不倦地工作多年，让许多反常的性行为不再显得神秘，使安德鲁和马科斯得以毫发无损地摆脱丑闻。但羞辱并未消失，只是转向了其他地方，聚集了巨大的能量。

事实上，保罗·达克雷的那番演讲已经没什么影响力了。真正有影响力的人，根本不在乎达克雷的想法。真正有影响力的是推特用户。在推特上，我们掌握着生杀予夺的大权。我们达成了自己的共识，不受司法体系或媒体的影响。这让我们无人可当。

我试图寻找不让人感到羞耻的天堂，不会被我们这种人伤及的地方，但最终还是失败了。“绝对坦诚”在我看来就是互相对骂。马科斯和安德鲁也没有什么特别的诀窍，能让人免遭千夫所指。他们根本就没被千夫所指。这一路上唯独让我看到一丝希望的，只有圣费尔南多山谷那家体育酒吧里拍摄的“当众凌辱”。我饶有兴味地回顾了当晚的情景。那是我写这本书以来唯一感到放松的地方。

然后，我重读了当晚跟唐娜的对话记录，发现了一些之前没留意的东西。

> 唐娜：我刚从萨克拉门托回家。在机场，我在TMZ上读到了一些关于我的东西。

TMZ是一个发布名人八卦的网站。唐娜告诉我，她在浏览别人的八卦时，突然瞥见了外界对自己的看法。她觉得既丢人又沮丧。

> 唐娜：我一直生活在旧金山，生活在性工作者这个小圈子里，他们了解色情工作，也了解色情产业，所以我从来没觉得被人看不起。但突然之间，我发现外面有一帮人，把我看作是愚蠢的色情小说家，还对我评头论足。这简直是令人难以接受。我在机场里就哭了起来，登机后也一路都在哭……

现在，我找到了TMZ上那篇文章。里面究竟写了些什么，让唐娜受了这么大刺激？

> 詹姆斯·弗朗哥正跟随一名前途无量的女色情片导演进行秘密拍摄，TMZ了解到……事实证明，她是因拳头出名的。照片里的女人叫唐娜·多勒蕾，她在弗朗哥即将面世的新片《扭曲》（*Kink*）中担任主演。尽管弗朗哥出演了这部电影，但他和唐娜上周才第一次见面……据可靠消息透露，他已决定在未来某部电影里继续与她合作。第一次见面时，唐娜送给弗朗哥一件工作室的文化衫，背后印着她标志性的拳头。詹姆斯接受了……这件衣服……并骄傲地四处展示。我们请弗朗哥发表评

论，但目前暂无回应。

——TMZ团队，2012年12月26日

如果是几年前，唐娜为这么一篇无伤大雅的文章伤心垂泪，可能会让我感到吃惊。但现在我理解了。我想，别人根本不在意的东西，我们自己却会非常介意。我们将一些琐碎小事视为奇耻大辱，但它们其实毫无意义。每个人都有很多软肋，谁知道什么会刺激到它们？我很同情唐娜，因为马科斯和安德鲁欠她太多了。一看到外界对自己的评论，她就感到了羞耻，就像羞耻悄悄了潜入内心，让她无处可逃。

我确信世界上有很多精神病患者，因为精神问题而无法感觉羞耻，就像全身上下被许多层棉花裹住了一样。但这一路上，我并没有碰到这样的人。自从开始写这本书，有一个名字经常出现在我眼前。他不费吹灰之力就从公开羞辱中全身而退，“羞耻”在他眼中犹如浮云。现在，经过若干次艰难的邮件沟通——“希望你能理解，我是很谨慎的”——他终于同意跟我共进午餐了。他名叫迈克·戴西。

第十章
不被接受的道歉

“看上去，他们想要我道歉，但其实这是个谎言。”迈克·戴西和我坐在布鲁克林的一家餐厅里。他身高体胖，经常用随身携带的手绢抹去脸上的汗水。“这是个谎言，因为他们其实并不想要我道歉，”他说，“道歉是一种交流，一种合作。有人道歉，就必须有人听。有人听，有人说，就有了交换。这就是为什么我们喜欢接受道歉，里面有一种力量的交换。但他们不想要我道歉。”他看着我，“他们想毁掉我，想让我去死。他们绝不会这么说，因为那就太刻意了。他们永远都不想听到我的消息。这样一来，他们随时随地都能拿出我这个例子来杀鸡儆猴。这么做对他们好处最大。他们希望我从此噤声。”他停顿了一下，“我以前从来没有成为过别人憎恨的靶子。最难面对的不是憎恨，而是成为靶子。”

迈克·戴西犯的错和乔纳很像，他被人揭露出来的时间，比迈克尔·莫伊尼汉对鲍勃·迪伦的引言心生疑虑还要早三个月。跟乔纳和斯蒂芬·格拉斯一样，他也发布了虚假报道，而且被人发现了。他在报道中描述了在深圳的见闻，声称见到了制造苹果产品的工人，但不少见闻纯粹是编出来的。他受到的羞辱比乔纳还要厉害，因为他说的每一句话，每一段漫长而压抑的沉默，都被美国最热门的广播节目《美国人生》（*This American Life*）记录下来了。迈克·戴西一直是个花花公子。他身高体胖，嗓音洪亮，是纽约戏剧界的耀眼明星。在许多节目里，他都热情饱满，恣意奔放。他既会侃侃而谈，也会吹毛求疵，总的来说前途无量。但变故发生后，一切都崩溃了。他最后说“对不起”的时候，听上去整个人已经垮了——筋疲力尽，脑子空空。他道歉的声音是那么痛苦，我真以为他离开广播室回家后会自杀。但没过几分钟，他就在个人网站上发表了道歉声明，第二天就在推特上卷土重来了。他朝数万怒斥自己的人咆哮，又是指责又是攻击，说他们全是伪君子。最开始，这起到了火上浇油的作用。但他没有退缩，而是不知疲倦地捍卫自己。

最后，批评者终于意识到，自己的怒火根本烧不到戴西。他们的声音越来越弱，最后彻底消失了。现在，乔纳·莱勒在洛杉矶的荒原里踽踽独行，颜面扫地，迈克·戴西却刚刚在Instagram上发了一堆跟妻子在迈阿密做日光浴的照片，不久前的戏剧巡回演出也广受好评。经历了几乎相同的羞辱，为什么一个人被彻底打垮，另一个人却毫发无损?

在餐厅里，迈克没有立刻回应这些问题。他后来说：“我年轻的时候，二十一二岁吧，整个生活悲惨地崩溃了。”

他之前一直盯着桌子，现在却抬起头来：“女朋友突然开始避着我。我会说，‘咱们一起出去’，她却总是躲闪。最后，我接到了电话。她怀孕了，孩子已经八个月了。再过一个多月，我就要当爸爸了。”

但那是在缅因州北部，迈克说。他觉得自己被困住了。孩子生下来，两人的关系也在层层重压之下垮了。“我没有担起父亲的责任。我完全崩溃了。”

每天晚上，迈克都会到湖里游泳。有时候，他能游多远就会游多远。“我一直往前游，直到觉得越来越冷，然后漂在湖面上。现在清楚了，我是想把自己淹死。”

“你试着自杀？”

迈克点点头。“现在我清楚了。”他停顿了一下，“从那以后，我再也不会像别人一样想不开了。一切都像是劫后余生一样。”迈克笑了，“提起这件事，是因为你可能用得上。”

我们继续吃饭，故事就悬在那里。我觉得迈克把我当听众了，只讲一个小片段，剩下的部分让我自己去拼凑。

他每天晚上都会游回岸边。他结束了这段高中恋情，一年后毕业离开缅因州。“我开车去了西雅图，”他说，“试着创造新生活。”他办到了。他做了很多事，包括在剧场里讲单口相声。他的表演激情洋溢，深受观众喜爱，但有些笑话比较晦涩，只有跟他有过同样经历的人听得懂。比如说，战争让他爷爷变得很冷淡，这种冷淡传了下去，导致他爸爸也很冷淡。但在2010年夏天，他上演了杰作“史蒂夫·乔布斯的苦与乐”，讲述了他的中国之行。

中国工人告诉他正己烷是做什么的：“这是用来清洁iPhone屏幕的。”迈克在单口相声里是这么说的，“很好用，因为它挥发得比酒精快。这样生产线才能加速，你才能跟上速度。问题在于，正己烷是一种强力神经毒素，这些工人都受了影响。他们的手会抑制不住地颤抖。大部分工人……连一块玻璃都捡不起来。”接着，他谈到了一个十三岁的小女孩。她在工厂做工，因为没有人检查年龄。还有一位老人，右手“被富士康的机器压了，像爪子一样弯曲着”。迈克给老人看了他的iPad。“他从来没有见过别人用iPad。我把iPad放在他手上，然后开机……苹果图标出现在屏幕上。他用残疾的右手抚摩屏幕，说了一些话……他说，就像变魔法一样。”

2011年年末的一个晚上，《美国人生》栏目创始人伊拉·格拉斯在纽约观看了迈克·戴西的表演。跟其他人一样，他也被深深吸引了，随即邀请迈克上节目。他们试着做事实审查，让迈克联系一下当时的翻译，但他说翻译的号码打不通了。其他事情都通过了审核，所以他们也就信以为真了。

迈克·戴西的节目播出时，我正开车穿越佛罗里达，听的是直播。我把车停在路边，听完整个节目才重新上路。全美国的人都是这么做的。我们被迈克的描述打动，决定采取行动。当然，大多数人只是心里想想，很快回到了日常生活的正轨。但有些人不是。一位听众为改善苹果工厂的工作环境发起请愿，收集到了二十五万个签名。苹果感到了前所未有的压力。有史以来第一次，苹果同意了让第三方审查工厂环境。迈克·戴西的这期节目也成了《美国人生》史上最成功的一期。

但迈克不知道的是，另一位迈克尔·莫伊尼汉正在悄悄进行调查。

他就是罗柏·施密茨，公共广播节目《大卖场》（*Marketplace*）在上海的特派记者。迈克的描述一些细节，在他看来有点可疑。比如，迈克提到他是在星巴克采访那些工人的。但在中国，星巴克的东西比西方还要贵，工人怎么负担得起？所以，他找到了迈克的翻译。迈克的骗局一下子就被戳穿了。既没有双手抑制不住颤抖的工人，也没有右手像爪子一样弯曲的老人。他在中国没有去过“十家”工厂，只去了三家。还有其他一些问题。

2012年3月16日，伊拉·格拉斯再一次请迈克·戴西上节目：

伊拉·格拉斯：如果我们联系上了翻译，你不怕我们会发现什么吗？

迈克·戴西：不，没什么好怕的。

伊拉：真的？你难道不怕我们发现，比如，正己烷那件事，你并没有亲眼看见……你觉得我们和她聊过以后，会不会发现什么问题？

迈克：这个，我确实想过，这可能会让故事讲起来不那么复杂。

伊拉：什么叫“不那么复杂”？

迈克：意思是，我的意思是，你知道，就像正己烷那件事。我是说，我同意你的看法。

……

迈克：我相信，我在剧场里讲那件事的时候……我们阐述事实用的是不同的语言。

伊拉：我明白你是这么想的，但我觉得你是在骗自己。正常人听别人说话的时候，很自然会认为对方说的是事实。我在剧场里看表演的时候，觉得这个故事是真的。布莱恩看过你的其他表演，觉得它们都是真的。

迈克：我们在某些事情上有不同的世界观。

伊拉：我知道。但我觉得我的世界观是正常的。正常的世界观是，别人站在台上说“这是我的经历”，我就会信以为真，除非他声明“本故事纯属虚构”。

……

伊拉：我对这件事的感觉很矛盾。一方面，我为你感到难过；另一方面，我觉得受了欺骗。而且，我还被你拖进了沟里。我相信你的话，才在观众面前做了你的担保人。

迈克：对不起。

迈克说“对不起”时的声调就像一个孩子，一个聪明、迷茫而调皮的孩子，一个相信自己比学校还要伟大的孩子，被迫站在全校师生面前接受惩罚，直到改过自新。随着说出“对不起”这三个字，他就像从天堂掉进了地狱。

但他很快就在网上高调回归。他的自尊心似乎完全恢复了。

他为自己能迅速恢复感到骄傲。“我搜遍了和文字工作有关的丑闻，”他告诉我，“从来没有人从负面影响中走出来。经历过我这种程度的丑闻，没有人能毫发无损地走出来。”

“我知道！”我说，“你从一开始就知道自己能挺过来吗？”

“当然不，”迈克说，“当然不。我想过自杀。”

我看着他：“真的吗？”

“我把一切都摊开说了，”他说，“我谈到了自杀，谈到了不再表演，离开剧场，永不登台。我们谈到了离婚，非常坦诚。”

“你妻子在这期间怎么样？”我问。

“她确保不让我一个人待着。”迈克说。

“这些事是什么时候发生的？”我问。

“最糟糕的是丑闻被公之于众之前，”他说，“节目录完一个星期后才会播出。那个星期，我渐渐不登台表演了。我彻底崩溃了。站在台上的时候，我浑身冰凉。我能感觉到自己在崩溃。这才是最糟糕。我整个人糟糕透顶，恐惧万分，觉得自己彻底没救了。”

“你最害怕什么？”

“我害怕永远无法讲述自己的人生了，”迈克说，“我害怕每次上台的时候，他对我的评价都在那里回荡。他就判定我是那么一个人。”

“是什么改变了一切？”

迈克沉默了一会儿，然后说：“伊拉第一次问我愿不愿意上他的节目讲故事时，我就想：‘这是个考验。如果我真的相信这个故事，不讲出来就是懦夫的做法。如果我按下不提，什么也不会变。’”他停顿了一下，“我知道这个故事会引起轰动，我自己也会。”

我皱起了眉头：“这么说，打一开始你就知道自己会被揭穿？”

迈克点点头：“我在湖里感觉到，前面有一扇门，门开了一条缝。你能感觉到，自己随时都会死。你明白吗？只要你接受这一点，就会豁然开朗。你想在这个世界上做点事？那就要做好随时丧命的准备。我说，‘没问题。我准备好了。没问题。’”

“你就不担心这个丑闻非但不能让中国工厂的情况好转，反而会变糟吗？”我说。

“我本来会担心的。”迈克回答。但他马上改了一下说法，“我很担心，确实很担心。”

他看得出，我不是很相信。

“你瞧，没人愿意听我是个无畏的斗士，牺牲了自己，”他说，“没人想听这种故事。但事实就是如此。我知道故事传开后肯定经不住核查，知道最终会失败。”

我确信眼前这个人在编故事。在这个最新版本里，迈克为了拯救中国人，不惜搭上自己的声誉，就像人体炸弹袭击者一样。但在当时，我觉得不该把真实想法说出来，因为这似乎是他的最后一根救生索了。

但我觉得，他从我的表情看出了一切，因为他突然蹦出一句：“我们构建意识的方式，就是对自己讲述自己的故事。在这个故事里，我们是自己相信的样子。我觉得真正的公开羞辱或凌辱，是个人和社会的叙述发生冲突，一个故事试图压制另一个。为了生存下去，你必须掌控自己的故事。或者……”迈克看着我，“……写出第三个故事，反抗那个压制你的叙述。”他停顿了一下，“你得找到一种方法，让其他叙述显得不可信。如果你相信它，它就会毁掉你。”

※

我很高兴迈克·戴西能重获新生，但觉得他用的方法对乔纳和贾斯汀没什么用。他们不是以讲故事为生，没有第三种叙述，只有一种：乔纳是欺世盗名的科普作家，贾斯汀是拿艾滋病开玩笑的女人。他们声名狼藉，众人皆知。他们犯的错都挂在谷歌搜索第一页上。

贾斯汀兑现了自己的承诺。我们初次见面五个月后，再一次在纽约下东区共进午餐。她给我讲了这段日子是怎么过的。她很快找到了新工作，但这份工作有点奇怪，雇主是佛罗里达一家游艇公司的老板。“他说：‘我知道你的事，我完全站在你这边。’”但贾斯汀对游艇一无所知，老板为什么要雇她呢？“难道他是个疯子，认为白人不会得艾滋病？”所以她回绝了，离开了纽约。“在纽约，事业就是你的身份。我已经失去了身份。”她去了尽可能远的地方，到埃塞俄比亚的亚的斯亚贝巴，在一家非政府组织做志愿者，致力于降低产妇的死亡率。

“我觉得，如果自己的处境注定会很糟糕，也应该从中获得点什么，至少倾尽全力去帮助别人，提升自己。”她是独自一人飞过去的，“我知道自己住在哪里，但那里没有地址。那里的街道没有名字，英语也不是他们的母语。”

“你喜欢在埃塞俄比亚的生活吗？”我问。

“那里太棒了！”她说。

贾斯汀的故事本可以在此结束。成千上万的人试图毁掉她的生活，如果你也是其中之一，或许你会愿意让这件事在此画上句号。你或许会愿意想象，她在亚的斯亚贝巴的医院里为产妇忙碌。她可能在帮助一个分娩的女人，为拯救她的生命而努力。她可能会偶尔抬起头，抹掉额上混着尘土的汗水，表情和过去完全不同，显得既坚强又骄傲。这一切都是拜你所赐。如果她没有遭受公开羞辱，没有被IAC公司开除，永远也不会去亚的斯亚贝巴。

但贾斯汀想骗谁呢？抵达亚的斯亚贝巴之后，头一个月确实很美妙，但她毕竟不是埃塞俄比亚人，而是生性活泼、处事莽撞、不拘小节的纽约人。所以，她又回来了，回到了那个对她来说尚未风平浪静的城市。她暂时给一家约会网站做公关，但还是没能站稳脚跟。她又被解雇了，被迫离开梦想的职业。在网上，她还是遭到嘲弄，被妖魔化。

"我还是不太好，"她说，"真的受了不少罪。"

她把盘子里的食物拨来拨去。想起贾斯汀的时候，我总会联想到惨遭洗劫的商店。可能她没把门关紧，但付出的代价实在太大了。

但我注意到，她有一点积极的变化。我们第一次见面的时候，她看上去很羞愧，因为自己发的愚蠢推特让整个家族蒙羞了。我觉得她现在仍然羞愧，但可能没那么强烈了。她说，她觉得丢人。

我和贾斯汀共进午餐的那个星期，欧洲法院做出了一项出乎意料的裁决，宣布人们拥有"被遗忘权"（Right to be Forgotten）。如果一篇谈到某个人的文章或博客"事实不充分，内容不相关，或已不再相关"（暂且不论这些含糊的表述究竟是什么意思吧），只要当事人提出申请，谷歌就必须在欧洲域名的索引里撤去文章链接（但本土域名Google.com里可以保留）。很快就有上万人提出了申请。不到三个月，申请人数就超过了七万。谷歌很配合，几乎每个申请都通过了。但它配合得太积极了，似乎有意引发全球范围内对此裁决的抗议。例如，只要有《卫报》和《每日邮报》的文章被取消索引，系统就会自动给这两家报纸发通知。网上出现了很多声讨"被遗忘权"的文章，提到了乱判点球的足球裁判，在火车上做爱被捕的情侣（我早就忘了这件事，直到他们提起来）。

贾斯汀告诉我，她在纽约看到这些新闻后，"立刻产生了一种很矛盾的感觉"。在她看来，这像是一种审查，也像是一种诱惑。但她清楚，提出申请可能会导致灾难。如果世人发现了，肯定又是一番口诛笔伐。不，"被遗忘权"能帮助一部分犯错的人，比如一些侥幸逃过舆论指责的欧洲骗子，但帮不上贾斯汀·萨科这种被千夫所指的人。

所以，贾斯汀说，最糟糕的一点，最让她感到无助的一点，是她无法控制谷歌的搜索结果。它们永远在那里，碾压她的生活。

“要再过很久很久，关于我的谷歌搜索结果才会改变。”她说。

第十一章
能改变谷歌搜索结果的人

2012年10月，一群有学习障碍的成年人结伴到华盛顿旅游。他们去了国家广场、美国大屠杀纪念馆、美国国立博物馆、阿灵顿国家公墓和美国造币厂，还看了无名战士纪念碑。晚上，他们在饭店酒吧里高唱卡拉OK。他们的看护人林赛·斯通和朋友杰米合唱了一曲《心之全蚀》（*Total Eclipse of the Heart*）。

“他们在那次旅行中非常开心，”林赛·斯通告诉我，“我们在大巴上开怀大笑，夜里一边散步一边说笑。他们觉得我们又酷又风趣。”

林赛给我讲这个故事时，已经是十八个月之后。我们坐在她家的厨房里。她家位于美国东海岸一个海滨小镇的湖畔。“我喜欢跳舞，也喜欢唱歌，”林赛说，“但那次旅行之后，我很长一段时间没有出过房间。白天，我只是坐在那里。我不想被任何人看见。我不想让别人盯着我。”

“这种状态持续了多久？”我问她。

“差不多一年。”她说。

林赛不愿告诉我，那次华盛顿之旅究竟发生了什么事。我给她写过三封邮件，她都没有回。后来，一件奇妙的事让她改变了心意。

※

去华盛顿以前，林赛和杰米已经在“永远自立”（Living Independently Forever，简称LIFE）工作了一年半。林赛说，LIFE是“有严重学习障碍的人”的过渡教习所。“杰米办了个首饰俱乐部，女孩子们都开心得不得了。我们带他们去看电影，打保龄球，让公司买了一套卡拉OK设备。很多家长都说，我们是校园里最美好的风景。”

下班后，她和杰米会搞些恶作剧，拍点愚蠢的照片，“在‘禁止吸烟’的牌子前抽烟，在雕塑前模仿它的姿势。我们经常会拍一些很傻的照片。在阿灵顿国家公墓，我们看到了‘保持肃静，尊重英灵’的牌子，突然冒出一个念头”。

“杰米觉得很好玩，”林赛说，“就把照片传上了Facebook，还艾特了我。这是经过我同意的，因为我觉得很搞笑。”

起初风平浪静，只有几个Facebook好友发了些无关痛痒的评论。“其中一个人在军队里服过役，他说：‘这是种冒犯。我认识你们俩，但这么做真的很没品。’另一个人说：‘我同意。’还有一个人也表示同意。我说：‘哦哦哦！我们就是这种浑球啦！忘了这事吧！’”

> 哦哦哦……我们就是这种浑球啦，挑战一下权威而已。就像我头天晚上发的在“禁止吸烟”牌子前抽烟的照片。很明

显，我们没有对为国捐躯的战士不敬的意思。

——林赛·斯通在Facebook上发的消息，2012年10月20日

接着，杰米问林赛：“你觉得用不用把照片删掉啊？”

“不用！”林赛回答，“有什么大不了的？没有人会在乎的。”

她们一直没有搞懂Facebook的设置。大多数隐私选项都被勾上了，但有些没有。有时她们会注意到，一些本以为勾上了的选项，其实并没有被勾上。过去的十八个月里，林赛反复思考这件事。“假如每个人都在分享和点赞，Facebook就能运作得最好，因为广告收益会提高。”隐私选项“碰巧”没被勾上，是Facebook要的花招，还是某种漏洞？“我不希望听起来像个阴谋论者。我不知道杰米上传照片的时候有没有设置隐私。”

不管怎么样，杰米上传照片时没有设定私人可见。于是，华盛顿之旅结束四星期后，她们在一家餐厅里庆祝生日时（林赛告诉我，“我们的生日只隔一星期”），手机开始响个不停。她们赶紧上网看看发生了什么事。

“林赛·斯通憎恨军队，憎恨为国捐躯的战士。”“贱货。”“你应该下地狱。”“简直是魔鬼。”“女权主义者的典型嘴脸。超重五十磅？对！手臂像香肠，手指像猪蹄？对！对牺牲的士兵不敬？对！”“杀了你个婊子。希望你被慢慢折磨致死。你个臭傻×。”“希望这个贱×被先奸后杀。”“跟LIFE的一个员工聊过了，他们那里有退伍军人，她会被解雇的。现在正在等她同伙的消息……”“她被解雇

后，可能需要以客户身份重新加入。女士需要帮助嘛！”“把这个装聋作哑的女权主义者扔进牢里。”少数评论表示，不应该为了一张开玩笑的照片，毁掉一个人的未来，但有人评论说：“她的未来没有被毁掉！别把她说得跟烈士似的。再过六个月，没有一个认识她的人会记得这件事。”

“我真想尖叫出声：‘这只是跟标志开个玩笑啊！’”林赛说。

林赛不知道这件事是怎么传开的。“我觉得永远也不会知道了，”她说，“我们觉得可能是同事干的。我们复兴了校园文化，可能被一些人记恨了。他们把我们看作年轻的白痴。”

林赛·斯通当天晚上睡觉前（“准确地说是凌晨四点”）就上了Facebook的热门话题，有一万两千人点赞。林赛读了每一条评论。“我没有放过任何一条关于自己的评论。”

第二天，记者们的长枪短炮都聚在了她家门口。她父亲试着跟他们说道理。他手里拿着烟斗，后面跟着家里养的狗。他对记者们解释，林赛不是坏人，摄影师却把镜头对准了他的烟斗和狗，就像他们一家人都是乡巴佬，是深居陋室、养看门狗、与世隔绝的烟鬼。

LIFE收到了无数要求解雇她们的邮件。林赛被叫了回去，但连大楼都没进，老板只在停车场跟她见了一面，让她交出钥匙。

“一夜之间，我熟知并热爱的一切统统消失了。”林赛说。

从此，她陷入抑郁，开始失眠，整整一年都没出过家门。

※

烈士墓前拍摄不敬照片的女子已被公司开除

> 日前，一名女子在烈士墓前摆出不雅姿势，引起公愤，其所在公司已顺应民意，将其开除……林赛·斯通丢掉工作后，针对她的批评并未减少……批评者认为她应该被枪决或驱逐出境……斯通的父母告诉波士顿哥伦比亚广播公司，斯通已发表道歉声明，拒绝在公共场合露面。
>
> ——雷阿娜·穆雷，《纽约每日新闻报》，2012年11月22日，
>
> 文章网络链接来自“林赛·斯通”的谷歌搜索结果

从华盛顿回来后的一年里，林赛在Craigslist上申请护工职位，从未得到过回应。她潜伏在网上，旁观其他像她一样的人是怎么被毁掉的。“贾斯汀·萨科身上发生的事太可怕了，”她说，“在万圣节打扮成波士顿马拉松爆炸案受害者的那个女孩也是。”

接着，她的生活突然有了起色。她找到了一份照顾自闭症儿童的工作。

“但是我很怕。”她说。

“怕老板发现这件事吗？”

“是的。”

心理学家试着提醒深受焦虑困扰的人，担心“可能出现”的情况是没有道理的。如果你发现自己在担心“要是突然碰上种族主义者怎么

办？”“要是”两个字就证明糟糕的事并没有发生。让你担惊受怕的只是想法本身。但林赛的担心（“要是新公司在谷歌上搜索我的名字怎么办？”）绝不是杞人忧天。当焦虑袭来时，她找不到救生索。她最担心发生的事，确实有可能发生。那张照片随处可见，在退伍军人、右翼分子和反女权主义者中间广为流传，甚至被改造成了爱国主题壁纸，在林赛嘶吼的面孔背后添加了军队葬礼的图片，还有星条旗覆盖着的棺材。

林赛太渴望得到这份工作了，“连提交申请就紧张得要命。我不知道怎么解释自己的简历。为什么突然从LIFE离职？我纠结要不要吐露实情：‘随便说一句，我就是网上被人痛骂的林赛·斯通。’因为我清楚，只要鼠标一点，我的事就无处隐藏”。

面试前，这个问题始终困扰着她。她该不该开诚布公？她担心做出错误的选择，简直快被逼疯了。最后，她把问题留到了面试当天。面试结束后，她发现自己没有提起这件事。

“我感觉很不好，”她说，“了解我的人，不会把那件事看得特别重。所以，我希望他们能先了解我，然后再告诉他们：‘用谷歌搜索我的名字，你就会发现这些东西。’”

她入职四个月了，还是没把这件事告诉他们。

“显然，你不可能直接问他们：‘你们发现了吗，觉得这不是问题吗？’”我说。

“是啊。”林赛说。

“所以，你觉得陷入了沉默的怪圈。”我说。

“我很喜欢这份工作，”林赛说，“也喜欢这些孩子。有一天，一个家长给了我很高的评价。我照顾她儿子一个月了，她对我说：‘从看见你怎么照顾我儿子，怎样对待别人的那一刻起，我就觉得，你天生适合做这份工作。’但我的心情还是很沉重，一直在等着丑闻爆出来。要是她发现了我的事呢？她还会这么想吗？”林赛再也感觉不到快乐和放松了。恐惧无处不在。“这真的会改变你看待世界的方式。这件事发生后，我再也不敢跟别人约会了。如果一个陌生人进入了你的生活，你能允许他深入到什么程度？他是不是已经知道我的事了？现在工作的地方，我觉得还没人知道。但有个人说了一句话，让我觉得他们已经知道了。”

“他说了什么？”

“我们正在闲聊，他突然说了句：‘我大概不会把这件事发到网上。’然后，他马上补充说，‘开玩笑啦，我永远不会这么做的，永远不会这么对你’。”

“所以你也不确定他知不知道。”

“确实，”林赛说，“但他马上补充的那一句……我也不知道了。”她停顿了一下，“那种恐惧对人影响很大。”

但突然之间，或许有件事能让林赛的问题迎刃而解，就像变魔法一样。我做了一件过去从没做过的事。它对我们两个来说都很新鲜。我当时感觉很棒，但也可能变得很糟。

※

这要从我偶然得知两个原哈佛哲学系同学的故事说起。他们就是格雷姆·伍德和菲尼亚斯·厄普哈姆。他们之间的故事，跟迈克尔·莫伊尼汉和乔纳·莱勒之间的故事很相似。正如格雷姆·伍德后来所说，菲尼亚斯在哈佛的时候“玉树临风，是崇拜女哲学家安·兰德的一员。我也不算穷，但我家没有一个人知道包里装三十万美元是什么感觉”。

格雷姆·伍德指的是，在2010年，也就是离开哈佛十二年后，菲尼亚斯·厄普哈姆和母亲南希因涉嫌逃税被捕。起诉书称，他们在瑞士一家银行藏了一千一百万美元，换成现金偷偷运回美国。格雷姆很关注这则新闻，所以在谷歌上设了“跟踪最新动态”。

这起丑闻很快就落幕了。南希认罪，受罚五百五十万美元，被判三年缓刑。格雷姆立刻就收到了谷歌发来的提醒：

男子助母藏款，国家撤销指控

2010年10月，塞缪尔·菲尼亚斯·厄普哈姆因一个账户涉嫌偷税漏税、三个账户涉嫌伪造纳税申报单受到指控。日前，曼哈顿的联邦检察官普利特·巴哈纳纳撤销了对该男子的指控。

5月18日，检察官在纽约联邦法院表示：“政府的结论是，未来将不会提起公诉。”

——大卫·福瑞卡洛斯，
《彭博商业周刊》（*Bloomberg Business Week*），
2012年5月23日

所有针对菲尼亚斯的指控都被撤销了，事情就到此为止了。但格雷姆忘了取消谷歌的动态提醒，所以发现了一些奇怪的事。菲尼亚斯突然声名鹊起，被任命为“《风险投资月刊》（*Venture Cap Monthly*）的财务主管”。“慈善新闻论坛”提名他为“月度慈善家”。他开始为格雷姆从没听说过的一家杂志《慈善纪事》（*Philanthropy Chronicle*）撰文，还出版了散文集。他甚至创办了一份杂志，“为发展中国家的非营利教育组织添砖加瓦，为社会底层的年轻人普及哲学思想”。

但正如格雷姆所说，“这些网站有点不对劲，看上去像是临时拼凑的，尤其是从这些页面跳转到其他页面的时候”。

> 我查看《慈善纪事》办公地址时，发现王子街六十四号根本不存在。或者更准确地说，那是一家印第安餐厅的后门。

最开始，谷歌动态提醒让格雷姆觉得幸灾乐祸，现在却让他领略了一场“声誉管理秘密行动”。这些伪造网站的目的很明确，是为了把谷歌上关于他偷税漏税的搜索结果挤到后面去，不让别人看见。当时，还没有人听说过欧洲法院的“被遗忘权”。那个概念要到两年后才会提出。但是，已经有人设计出了美国版的“被遗忘工具”。

格雷姆拥有一项大多数人不具备的技能，知道怎么从HTML代码中获取线索。他做了一番调查，“寻找这些网页的制作者”，结果还真找到了。这些伪造网站出自金兔传媒（Metal Rabbit Media）的老总布莱斯·汤姆之手。他是个年轻的加州人，目前定居纽约。

两人在一家咖啡馆里见了面。格雷姆为这个意外发现兴奋不已，布莱斯·汤姆却深受焦虑的折磨：

> “我的下场可能很惨，”他浑身颤抖着说，“没人会跟我

做生意了。”我们大眼瞪小眼地沉默了几分钟。为了让他冷静下来，我去买了杯桑格利亚汽酒。等我回来的时候，他把餐巾纸都撕碎了。

——格雷姆·伍德，《灭迹》（*Scrubbed*），
《纽约杂志》，2013年6月16日

我觉得格雷姆的报道很吸引人，除了最后一部分。布莱斯·汤姆因为担心事情败露而深陷绝望，这个结尾显得有些悲伤。

现在，格雷姆和我面对面坐在纽约一家咖啡馆里。我告诉他，我根本不知道有布莱斯·汤姆这种人存在，想亲自做点调查。格雷姆给我提供了一些线索，告诉了我一些人的名字，说他们可能是金兔传媒的客户，比如一个受勋的英国维和士兵，曾两次在自杀式炸弹袭击中受伤。回家后，我查阅了相关文章，发现在这两起袭击事件中，他都在身受重伤的情况下，不顾自身安危救助别人。报道对他的英雄行为不吝溢美之词，“但他的维基页面被一个我认识的金兔传媒工作人员修改过”。格雷姆告诉我。经过一个多小时的不懈努力，我终于在谷歌搜索结果里发现了一个网站，称这名士兵行为轻浮，同时玩弄三名女性，是个“渣男”，“行为恶劣，撒谎成性”。我给他发了封邮件，问他是不是金兔传媒的客户，他拐弯抹角地否认了，但表示“我确实知道这些家伙”。

我和格雷姆·伍德一样，在谷歌搜索页面里寻找被人忽视的秘密时，也觉得兴味盎然。但后来我和贾斯汀见了面，听说了林赛的事。我重读了一遍格雷姆的文章，发现了一个此前没想到的问题。由于百分之九十九的人都用不起金兔传媒的服务，这让布莱斯·汤姆这种人能用

如此隐蔽的方式做这种无耻的买卖。金兔传媒应该被曝光。但菲尼亚斯·厄普哈姆的指控已经被撤销了。他当然有权被人遗忘，对不对？

我给布莱斯·汤姆发了封邮件：“金兔传媒还在运作吗？”

他回了我：“我能为您做些什么？”

我回复：“我是个记者……”

从此，我再也没有收到过他的消息。

※

伍德赛德有家乡村酒吧，离硅谷的门洛帕克不远，从外面看平凡无奇，只要走进去，你就会发现里面其实很高端，坐满了科技界的亿万富翁。这家小餐厅就像这些亿万富翁穿的衣服一样低调。和我一起进餐的是迈克尔·菲尔迪克。我告诉他，他是神秘的“声誉管理”界唯一回复我邮件的人。

“因为做这种事赚钱很容易，而且既无聊又无耻。”他说。

“为什么说无耻？”

“有些人真的很恶心，”迈克尔说，“我们这行有个小有名气的人，自己开着家公司，是个强奸犯。他因为强奸一个女人被判了四年，出来后就办了公司。我觉得，他基本是为了抹掉自己过去的痕迹。”迈克尔告诉了我那家公司的名字。“我们给他建了份档案。”他说。

迈克尔的竞争者大多声名狼藉。他说，有些客户也是如此。

“很早以前，大概是2006年，我们网站刚创办不到两星期（迈克尔的网站是reputation.com），我记得那会儿只有我一个人。有对夫妻在网站上注册了，我在谷歌上搜了一下他们的名字，发现他们是恋童癖。”

“你还记得他们的名字吗？”我问。

“当然忘了，”迈克尔说，“你问这个干吗？”

“我也不知道，”我说，“只是好奇。”

“千万别，这是你书里谴责的淫秽的好奇心。”迈克尔说。

迈克尔看上去跟周围的用餐者不大一样。那些人我一个也不认识，但每个人似乎都富得流油，既悠闲又平静，在餐厅里昂首阔步，让人想起豪华游艇、盛夏的马萨葡萄园和美国白人新教徒。迈克尔则是个人高马大、不怒自威、鬓发卷曲的犹太人，看起来更像头棕熊。他出生在纽约，从哈佛法学院毕业，在肯塔基州路易斯维尔的第六巡回上诉法院任职期间创造了“网络声誉管理”这个概念。当时是2005年左右，关于网络欺凌、报复性艳照门的报道刚刚开始出现。迈克尔就是这么想出这个点子的。

迈克尔告诉我，拒绝了那两个恋童癖后，又有一个新纳粹分子注册了，不过此人早已痛改前非。“‘十七岁时，我是个纳粹分子。那时候我就是一个小屁孩。现在我已经四十多了，想继续生活下去，但网络仍然把我当作纳粹分子。’”他比恋童癖更令人同情。但作为犹太人，迈克尔还是不想接这种客户。所以，他定了几条标准：不接受正在接受调查的人，不接受有暴力、诈骗、性犯罪前科，或者受过儿童性侵指控的人，哪怕不是正式指控。他认为，自己和竞争者在道德上有一点显著的区别。他绝不捏造美誉，只把事实放上去，虽然“我不相信有谁真会去核实那些信息”。

“我不知道你究竟是做什么的，”我在饭前给迈克尔打电话时说，

“也不知道你是怎么改变谷歌搜索结果的。”

我明白，迈克尔做的就是欧洲法院“被遗忘权”的狡猾版本。不同之处在于，迈克尔改变的是世界范围内的搜索结果，而不仅仅是欧洲的。很多向欧洲法院提出申请的人都未能得偿所愿，结果获得的关注一点不比过去少，因为有太多的记者和博主致力于挖掘他们想掩盖的信息。但没人留意过这些网络声誉管理公司。只有极少数的倒霉鬼，比如菲尼亚斯·厄普哈姆，被爆出用了这种方法。

“我觉得你的工作太神秘了，”我对迈克尔说，“尤其是技术层面上。我能不能观摩一下操作过程？”

“当然了。”迈克尔回答。

于是，我们计划了一下。首先要找个心甘情愿的客户。这并不容易做到，因为我想了解的恰好是他试图掩盖的，没有多少人愿意接受。

我们聊了一下有哪些客户可能接受。迈克尔建议我问问“报复性艳照门”的受害者。她们在踹掉男友后，惨遭男友报复，裸照被发到网上。还有些政客希望自己的不当言辞能在被人发现之前掩盖掉，我也可以试试说服这种人。迈克尔还建议，有个教团领袖在网上被误认为是谋杀兄弟的凶手，或许我能征得他的同意。

我咳嗽了一声：“就这个被误认为是杀人凶手的教团领袖吧，怎么样？”

此处隐去真实姓名，就叫他格雷戈里好了。出于显而易见的原因，我调整了故事的一些细节，免得他被人认出。格雷戈里的兄弟是他所在教团的成员，在酒店房间里意外身亡。另一位教团成员因涉嫌谋杀被捕，警方当时并不认为格雷戈里是同谋。但在网络留言板上，很多人推测他才是幕后主使，就像查尔斯·曼森[1]一样。

此时，reputation.com介入了。不是格雷戈里主动联系他们的。公司的外联团队发现了格雷戈里，向他推荐了自己的服务。我不知道他们谈到了什么地步，但现在迈克尔告诉格雷戈里，只要同意我全程观摩，就可以享受免费服务。

格雷戈里给我发了邮件。他很感谢迈克尔的提议，愿意接受我的采访。他那句“愿意接受采访”，就像是屈尊赏我采访机会似的。但他有点困惑，我以前写的都是军队心理、阴谋论者这种无关痛痒的话题，为什么觉得读者会对公开羞辱这种重要话题感兴趣?

“我的天哪，”我想，“他说得对。”

格雷戈里表示，如果自己的话有所冒犯，希望我能原谅。但由于过去的作品大多荒诞不经，我到底为什么觉得，自己对公开羞辱这种严肃话题的看法，会受到读者的严肃对待?

“还真是有点冒犯。”我想。

格雷戈里似乎怀疑，我更感兴趣的是谋杀，而不是公开羞辱。我能说什么呢?他说得没错。如果能了解扣人心弦的细节，我很乐意把他的名字从网上抹掉。我就像自私的巨人[2]一样，想给自己和读者保留精美的花园，同时筑起高墙，让别人无法入内。

格雷戈里和我在接下来的几天里互通了三十封邮件。我的邮件文字轻快，格雷戈里的邮件却不时提到“条件”。我无视他对“条件”的种

---

① 查尔斯·曼森是美国著名邪教组织“曼森家族”领导人，因指使追随者谋杀波兰导演罗曼·波兰斯基八个月身孕的妻子而臭名昭著。

② 《自私的巨人》是英国唯美主义作家奥斯卡·王尔德写的一篇童话，讲述巨人从自私变得慷慨的故事。

种暗示，继续轻快应对。最后，格雷戈里终于同意我做独家采访。他让律师起草了一份合同，确保我在采访中展示他积极的一面，否则就要支付高额违约金。

我和格雷戈里的关系就到此为止了。

现在，我没必要继续在邮件里装好人了，便将自己的不满一吐为快。“我有一千个理由不同意签这个合同。只能写好话，否则就要支付高额违约金？”我在邮件里写，“从没听说过这种事！你不知道新闻界的人多么鄙视这种事。没有人会这么做。要是我签了，你稍有不满意，我就得掏钱！上帝原谅我这么说，但如果你被指控了呢？要是我们闹翻了呢？”

格雷戈里衷心祝愿我的书能取得成功。

这实在太令人沮丧了。迈克尔·菲尔迪克为我挑选的人提供免费服务，我却无法面对此人的傲慢无礼。事实上，尽管格雷戈里没受到指控，但他那充满控制欲的古怪邮件，还是让我感觉到了网络名誉管理界有多谨慎。还有多少事实被掩盖了呢？

我询问恋童癖夫妇的名字时，迈克尔指责说“这是你书里谴责的淫秽的好奇心”。如今，这个指责让我有点慌了。我写书的目的不是减少人们的好奇心。淫秽的好奇心是不太好，但好奇心本身是好的。人们的缺陷有必要拿出来写写。有些人的缺陷会给别人带来巨大的痛苦。你指出这些缺陷时，能给原本被视为洪水猛兽的人脱下妖魔化的外衣。

但迈克尔的工作有一点我很钦佩，它能拯救无辜者于水深火热之中，让确实没做过错事的人免遭羞辱，比如贾斯汀·萨科。所以，我给迈克尔的公关人员莱斯利·霍布斯发了封邮件，推荐用贾斯汀代替格雷戈里。“我觉得这是她应得的，”我写道。“她可能不会同意，但我至少应该试试吧？”

莱斯利没有回我的邮件。我又发了一封，问他们为什么不考虑贾斯汀，还是没有回复。他们的意思已经很明显了。我不想让他们失去耐心，所以把贾斯汀丢在一边，提出了一个新人选，就是我发过三次邮件但始终没有回音的林赛·斯通。

这是我第一次用这种手段接触不愿接受采访的人。我见过别的记者干这种事，过去总是嗤之以鼻。二十年前，有个英国电视台主持人涉嫌强奸，我报道了他的受审过程。媒体席上的记者个个面带微笑，暗自盼望他被判无罪，然后做个独家专访。令人尴尬的是，他被无罪释放的当天，一个穿裘皮大衣的女人突然冒出来把他接走了。后来才知道，她是《世界新闻报》的人。其他所有面带微笑的记者，无论男女，都没有得到这个机会，因为那个女人手握支票簿。

我现在还是没有支票簿。如果没有迈克尔开出的条件，我无论如何也采访不到林赛。而迈克尔提出的条件非常诱人。

“我们会在她身上花上万美元，”迈克尔说，“至少十万吧，还要投入无数精力。”

“上万美元？”我说。

“她的情况很糟糕。”他说。

“怎么要花这么多？”我问。

“你的对手可是谷歌啊，”他耸耸肩，“林赛·斯通真是太惨了。”

我觉得迈克尔慷慨得令人难以置信。

我没告诉林赛，她的名额差点就被贾斯汀·萨科和有谋杀嫌疑的教团领袖占了。格雷戈里的故事差点骗过了我，但林赛才是最完美的。跟林赛打交道，不用签署奇怪的合同，也不会在邮件里受气。她只想安安静静地陪自闭症儿童，不再感到恐惧。

“如果迈克尔接手，那张照片可能永远消失。”我告诉她。

“太难以置信了，”她回答，“是不是从谷歌搜索结果前两页消失？只有处心积虑的家伙才会翻到第三页吧。”

林赛知道凡事不可能完美，我的书会把这件事重新翻出来。但她清楚，自己眼下的状况已经不可能更糟了。摆在她眼前的是价值上万美元的免费服务，还是量身定制的，通常情况下只有富豪才享受得起。我离开林赛家以后，她和迈克尔通了电话。然后，迈克尔给我来了电话。

“她很有礼貌，有问必答，乐于合作，”他说，“我觉得可以下一步了。”

※

由于日程安排的缘故，迈克尔要再过几个月才有空管林赛。所以，我暂时放了放这边的事。我以前关注过非常阴暗的故事，比如联邦调查局如何毁掉无辜者的生活，银行追债导致债务人自杀等。虽然我会为他们感到遗憾，但这些故事不像公开羞辱那样让我发自内心感到恐惧。我丢下了乔纳、迈克尔和贾斯汀，让他们继续沉浸在焦虑和压抑之中。因此，当亿万富翁理查德·布兰森的妹妹瓦妮莎发来邮件，邀请我前往马拉喀什的厄尔芬恩酒店，作为她举办的沙龙的演讲嘉宾时，我简直又惊又喜。她在邮件里写道："其他的演讲嘉宾，包括人权律师克里夫·斯塔福德·史密斯、建筑师大卫·奇普菲尔德、蛇形画廊总监汉斯·乌尔里希·奥布里斯特，还有白手起家的阿尔及利亚艺术企业家里达·莫阿里。"我用谷歌搜索了一下那家酒店，发现它是"富丽堂皇的历史建筑，拥有隐蔽处、阳台和花园""步行五分钟即可抵达举世闻名的德吉玛广场和繁华市集"。

于是，四星期后，我来到了瓦妮莎·布兰森位于马拉喀什的庄园，在庭院的橘子树下读书。瓦妮莎·布兰森仰卧在角落的一张天鹅绒大床上。她的朋友们一边品尝花草茶，一边懒洋洋地闲逛。有一位是索尼公司德国分部的首席执行官，另一位拥有南非的钻石矿。我觉得既疲倦又紧张，不像那些身着白色亚麻西装的人那么精力充沛，无忧无虑。

突然，我听见一阵喧闹。我抬起头，刚好看见瓦妮莎·布兰森穿过庭院，迎接刚到的客人。那个男人也穿着亚麻西装，又高又瘦，一举一动都符合英国绅士的标准，看上去像个外交家。几分钟后，他跟我打招呼："我是克里夫·斯塔福德·史密斯。"

我对他仅有的一点了解，来自英国广播电台四套的节目《荒岛唱片》（*Desert Island Discs*）对他的采访。他本该按部就班地进入英国上流社会，但由于在寄宿学校看见一幅受火刑的圣女贞德画像，觉得圣女贞德和妹妹长得很像，他二十多岁就成了密西西比的一名死囚律师，后来一直为死囚和古巴关塔那摩的囚犯辩护。《荒岛唱片》的主持人苏·劳利觉得很惊讶，就像维多利亚女王发现一位贵族老爷打算去探索黑非洲一样。我们寒暄了十分钟，一同穿过瓦妮莎·布兰森庄园里迷宫般的走廊。他一路上都在告诉我，为什么应该废除监狱。

“让我问你三个问题，”他说，“然后你就会和我一样看这件事了。第一个问题：你对别人做过的最糟糕的事是什么？没关系，你不用大声说出来。第二个问题：别人对你犯过的最严重的罪行是什么？第三个问题：对受害者来说，以上两者哪个造成的伤害更大？”

我遭遇的最严重的罪行是入室行窃。造成了多少伤害？几乎没有，只是从理智上觉得陌生人闯进家里对我是一种侵犯。不过，我得到了保险赔偿。我还被打劫过一次。当时十八岁，打劫犯是个酒鬼。他见我走出超市，就大喊：“把酒交出来！”然后一拳打在我脸上，抢过东西就跑。我的购物袋里根本没有酒！我郁闷了好几个星期，但总算是挺过来了。

我对别人做过的最糟糕的事是什么？那是件可怕的事。我毁掉了他们，却不违法。

克里夫的看法是，司法体系本来该减少伤害，但大多数囚犯（年轻的黑人）的罪行带给人们的情感伤害，远不及普通人随时随地对彼此的伤害——暴力的丈夫、无情的妻子、残忍的上司、无耻的流氓，还有冷血的银行家。

我想起了贾斯汀·萨科。攻击她的人在情感上到底受了多大伤害？据我所知，这件事里真正受到伤害的只有贾斯汀一个。

“我在写一本关于公开羞辱的书，”我告诉克里夫，“为了实现公民正义，我们大张旗鼓地复兴了公开羞辱。你一辈子都在法庭里，那里也是这样吗？在真正的审判中，羞辱也会被当作工具来用吗？”

“是啊！”他开心地回答，“我一直都这么做。我羞辱过很多人，特别是专家证人。”

“你是怎么做的？”我问。

“哦，其实很简单，”他说，“你只要讲一些很深奥的东西，搞得专家也说不清就行。那些东西不必和案件有关，只要他们一无所知就行。他们不能承认自己不知道，所以会越陷越深，显得特别愚蠢。”

“为什么他们不能承认不知道？”

“因为这是他们安身立命的所在，”克里夫说，“关乎他们的尊严。做专家证人是件了不起的事。设想一下你在晚宴有多少好料可以爆，和其他无聊的家伙形成鲜明对比。你可是把变态杀人狂泰德·邦迪送进监狱的专家哦！为了不让自己看上去很蠢，他们什么都愿意做。这才是关键。如果你有办法让他们看上去很蠢，事情就会按你设想的方向发展。”

我觉得克里夫的意思是，在法庭上，羞辱就像呼吸一样自然。当然，我明白专家证人要经过审核，要做诚信测试。但奇怪的是，那么多人对羞辱的看法，就像崇尚自由市场的人对资本主义的看法一样，只是觉得美丽的小动物必须有奔跑的自由。

社交媒体用户才刚刚掀起羞辱运动。按克里夫的说法，在现实的法庭上，羞辱也是一种常见策略。我不禁想知道，如果羞辱在关键机构中占据重要地位并代代相传，会导致什么后果？会给参与者造成什么影响？

第十二章
扭曲人性的羞辱

曼彻斯特的皮卡迪利酒店里，十二个人围坐在会议桌边。其中有海洋冶金家、儿科护士、专攻脑损伤的医生、为伦敦警署缉毒大队工作的化验员、烟草工人、监督涉嫌虐待遗弃儿童的父母的社工等。这些人只有一个共同点，都是刚入门的专家证人。他们都想靠审判赚点外快。他们跟我一样，不知道法庭上会发生什么事。他们过去从未被人称为“专家”。所以，他们才报名参加了邦德索伦法律培训公司开设的“熟悉法庭”课程。跟克里夫聊过后，我就报了名。我想知道，“熟悉法庭”课程会不会提到，羞辱是庭审的重要组成部分。

老师上来就提到了这一点。当天的老师名叫约翰，他站在一块白板边上，告诉我们：“你们是被两条狗争夺的骨头。只要影响了律师实现目标，你们就会受到伤害。”他环视了一圈。“请理解律师的做法。他会千方百计让你颜面扫地，说你既无能又不成熟。你可能会怒气冲天，感到沮丧。他可能会诱使你远离自己熟知的领域。怎么做？他会怎么做？”

一片寂静。过了一会儿，这群刚入门的专家证人才意识到，这不是强调，而是提问。

“面部表情？”海洋冶金家说。

“你的意思是？”约翰问。

“微笑，或者板着脸，”海洋冶金家说，“装作无动于衷。给我们营造安全的假象，然后突然发动袭击。还有，装出不感兴趣的样子？”

约翰把这些都写在了白板上。

“质疑我们，挖苦我们，用傲慢的腔调让我们心烦意乱？”社工问。

“他们会不会窃笑？”化验员问。

“不，那会让他们显得不专业，”约翰说，“但他们会提出质疑，会问：‘真的吗？’”

“要是我紧张得发笑怎么办？”化验员问，“有时压力太大，我会紧张得发笑。”

“千万别，”约翰警告说，“如果你这么做，他们会说：‘你觉得这很好笑吗？我的客户可不这么认为。’”

“如果觉得超出了承受能力，能让他们停止提问吗？”海洋冶金家问。

“不能，”约翰说，“你们无权让他们停止提问。还有其他想法吗？”

“故意念错你的名字？”有人说。

“保持沉默？”有人补充说。对方沉默的时候，每个人都会感到局促不安。

“我们需不需要注意衣服颜色？”一位护工问，“我听说穿棕色衣服会显得不可信。”

“这个太深奥了，我可回答不了。”约翰说。

我本以为，在午饭前约翰就会换个话题，谈谈法庭上其他的注意事项，但他没有。事实证明，羞辱确实在庭审中起着至关重要的作用。整整一天，我们只讨论了这一个话题。下午，专家证人要学习避免感到羞耻的技巧。第一次被带上证人席时，他们应该要一杯水，利用这段时间缓解不安的情绪。他们不应该自己倒水，而应该让庭警帮忙。律师提出问题后，他们应该调整坐姿，面对法官作答。

“这样，他们就不那么容易打垮你，”约翰说，“奇怪的是，我们喜欢盯着给自己制造痛苦的人。也许这跟斯德哥尔摩综合征[①]有关吧。”

当天的最后一部分是模拟交叉询问，看看大家能否活学活用。海洋冶金家马修是第一个出场的证人。约翰让我扮演法官。每个人都微笑着给马修加油。他很年轻，穿着粉色衬衫，系着粉色领带。他有点颤抖，给自己倒了杯水。杯子里的水在微微晃动，就像池塘在地震的时候一样。

“他忘了让庭警帮忙倒水了。”我心想。

“告诉我你的学历。”约翰说。他扮演的是交互询问的律师。

“我拥有冶金学一等学位，哦抱歉，是二等学位。”马修看着约翰的眼睛说。

然后，他像害羞的艺伎一样低下了头。

---

① 斯德哥尔摩综合征，又称“人质情结”，指受害者对罪犯产生好感和依赖，甚至反过来帮助罪犯。

“他怎么不转过头朝着我呢？”我心想。

马修的角色扮演持续了十五分钟。他含混不清地解释腐蚀的线圈时，脸红得像煮熟的龙虾。他口干舌燥，声音颤抖，表现糟糕透顶。

“他真弱啊，”我暗自想着，“他太弱了。”

然后，我突然醒悟了。根据一个人受辱时的慌张程度，形成对他的看法，是一种奇怪而武断的评判方式。

※

我开始和新卡姆诺克苏格兰小镇的一个女人通信。她名叫琳达·阿姆斯特朗。9月的一天晚上，琳达十六岁的女儿林赛在从附近保龄球馆回家的路上，遭到一名十四岁男孩跟踪。他尾随她到站下车，跟她走进公园，把她推倒在地，实施了强奸。庭审过程中，林赛受到了男孩的律师约翰·卡拉瑟斯的交叉询问。琳达给我发了一份证词记录。“我没有读过，”她在信里写道，“因为我无法面对。”

林赛·阿姆斯特朗：他在后面跟踪我，想约我出去。我一直说“不”，想赶紧摆脱他。但他紧紧跟着我，把我的胳膊像这个样子扭过来，凑过来亲我。我拼命反抗。我叫他走开，但他把我推倒在地……

约翰·卡拉瑟斯：申请展示第七号物证。你认识这是什么吗？

林赛·阿姆斯特朗：当然。

约翰·卡拉瑟斯：这是什么？

林赛·阿姆斯特朗：我的内裤。

约翰·卡拉瑟斯：你当天穿的是这条内裤吗？

林赛·阿姆斯特朗：是。

约翰·卡拉瑟斯：请你能不能把它举高点，让大家都能看见。我们可以说这条内裤很薄吧？

林赛·阿姆斯特朗：我觉得我穿什么内裤跟这件事没关系……

约翰·卡拉瑟斯：好吧，请把它再举起来一下。这种内裤好像有专门的名字，对吧？叫什么来着？是不是叫丁字裤？

林赛·阿姆斯特朗：对。

约翰·卡拉瑟斯：不好意思，阿姆斯特朗小姐，能请你把它举起来吗？

林赛·阿姆斯特朗：抱歉。

约翰·卡拉瑟斯：现在你能看见内裤是透明，对吗？

林赛·阿姆斯特朗：对。

约翰·卡拉瑟斯：内裤前面写着什么字？

林赛·阿姆斯特朗：小恶魔。

约翰·卡拉瑟斯：抱歉，没听清。

林赛·阿姆斯特朗：小恶魔。

“林赛告诉我，他让她举起自己的内裤时，她觉得既恶心又尴尬。”琳达在邮件里对我说，“她刚把内裤放下，他就立即要求她举起来。他想让陪审团看清她穿的是什么内裤。我想，对她来说，这可能是交叉询问中压力最大的部分吧。她再也不想看见那些衣服了。根本没必要让她把内裤前面写的字读出来。”

陪审团认定男孩有罪。他被判进少管所四年（但最后只待了两年）。接受交叉询问三星期后，林赛的父母在深夜两点发现，女儿在卧室里听着《波西米亚狂想曲》服药自杀了。

羞辱就像游乐场里的哈哈镜一样，会把人性扭曲得异常恐怖。当然，正是约翰·卡拉瑟斯采取的策略迫使我们相信，在社交媒体上能更好地追求正义。然而，下三烂的羞辱仍然是下三烂的羞辱。我很想知道，如果我们能彻底避免羞辱，能拒绝羞辱别人，这个世界会变成什么样子。司法体系能否为此留出一席之地？事实证明，它确实存在。而促成此事的人，你绝对意想不到。

第十三章
后羞辱时代的拉克尔

曼哈顿肉类加工区一家破败的小餐馆里，一个小男孩正在跟父亲吃早餐。突然，有个男人笔直朝他们冲了过来，似乎有什么要紧的事。男孩紧张地盯着他看，不知会发生什么事。那个陌生人深吸了一口气。

“好好学数学！”他吼道。

男孩愣了一下。“好吧。”他说。

这时，那个男人已经走到我面前坐下了。有机会鞭策一个孩子，让他兴奋得不得了。他的手机响了。“不好意思。”他大声说，拿起手机，“你昨晚有没有把事办妥？”他的嗓门还是那么大。“人格担保？不错！爱你，拜拜！”他放下电话，露出笑容，很高兴一大早就收到了鼓舞人心的消息。

他叫吉姆·麦格雷维，前新泽西州州长。他也是个苛刻的家伙：“我从不赦免任何人。”他告诉我。

“赦免的流程是什么样的？”我问。

“检察长办公室提出申请，”他回答，“他们会和州检察官联系，州检察官再和当事人的保释官联系。然后，保释官正式向州长，也就是我，提出申请。”

我想象囚犯们待在牢房里，绞尽脑汁，奋笔疾书，拼命给吉姆写信，把对自己有利的情况统统列上。什么故事会让吉姆感兴趣？什么故事会引起州长大人的关注？

“你还想得起哪个人的故事吗？”我问吉姆。

“我从来没读过。”他说。

“连看都没看过？”

吉姆摇了摇头。

“你就像爱判绞刑的法官一样。”我说。

“我是崇尚法律秩序的民主党人。”吉姆说。

※

2001年，克林顿夫妇曾帮助吉姆竞选州长。当时，他年轻英俊，婚姻幸福，有两个漂亮的女儿。他以压倒性的优势获胜，成了新泽西州的权力核心。后来，他在回忆录中提起新泽西时谈道：“这里比任何地方都更像马基雅维利笔下残忍的威尼斯公国”。在这里，“政治会议开始的时候，大家先要熊抱一下”，以便悄悄检查对方是否携带凶器，“这是新泽西式的朋友之间的搜身”。现在，吉姆拥有一栋海滨别墅、一架直升机、一群厨师，还有州长府邸——德拉姆斯瓦克特庄园。

吉姆自视甚高，觉得自己是不可侵犯的。“9·11事件”刚刚发生，他就走进新泽西北部的地方性报纸《伯根纪事报》（*Bergen Record*）的办公室发表演说，对记者发号施令，喊出豪言壮语：“我们不会在安保方面节省资金。我们甚至从以色列国防军请了安全顾问。他是该领域的顶尖人才。”他四处炫耀，感到心满意足，丝毫没有意识到《伯根纪事报》的编辑们满头雾水，不知新泽西州州长为什么要从以色列国防军找人来，对本地安保提出建议。

※

小时候，吉姆参加夏令营，躺在帐篷里，“觉得好像听见别的帐篷里有人喊我‘基佬’，然后意识他们确实是这么喊的，”吉姆搅拌了一下咖啡，“这些事我至今都记得，真是有意思。”

“有些事一辈子也忘不掉，”我说，“十五六岁时发生的事一直伴随着我。”

我和吉姆两个中年男人，就这样坐在纽约一家咖啡厅里，面面相觑。

吉姆长大后进了哥伦比亚大学，经常在夜里从116大街走到肉类加工区，透过窗户打量同性恋酒吧里发生的事。但他不敢推门进去，只好原路返回。

后来，他成了助理检察官，也就是“检察官的检察官”，又当上了镇长，开始读教人抑制同性恋倾向的书。作为州议员，他投票反对同性婚姻。

第一次参加州长竞选时，他只获得了两万七千票。第二次参选时，他去以色列处理一些外交事务，在某个小镇吃午饭。邻桌的人向他做了自我介绍。他叫戈兰，为当地的镇长工作。

“我一直关注你的竞选，”戈兰告诉吉姆，“两万七千票实在是不太够啊。”

吉姆后来在书里写道：“我感到受宠若惊，这是前所未有的。没有人有义务记住地球另一边某个政客首次参选时的票数。”

吉姆爱上了戈兰。他告诉戈兰，如果他能来新泽西，自己会给他安排一个好位置，比如州长特别顾问。戈兰同意了。在来美国的路上，他向吉姆要了一间豪华办公室。那间办公室本来已经分给了吉姆的另一个属下，但戈兰还是如愿以偿了。

※

吉姆造访《伯根纪事报》编辑部后又过了几星期，该报简要介绍了这位从以色列空降的新人，将戈兰称为“水手”（他曾在以色列海军任职）和“诗人”（他高中时写过不少诗）。吉姆担心他们在暗示什么，但无从证明，也不能找人商量。他的属下看起来毫无异常，但这并不意味着真的毫无异常。

“州长可能不爱听的话，人们是不会对州长说的。”他告诉我。

吉姆开始跟戈兰刻意保持距离。他告诉戈兰，出于行政方面的考虑，他必须马上辞职。戈兰一下子垮了。他原本期望在美国政界大展宏图，吉姆却为前程把自己推进了火坑。

几星期后，吉姆收到戈兰律师发来的一封信。戈兰威胁要以性侵犯、性骚扰的罪名提起诉讼。

“看见这封信的时候，我仿佛看见了祖母的瓷器柜，”吉姆告诉我，“所有瓷器都碎了。”

执政三年后，吉姆的仕途终结了。他召开新闻发布会，正式宣布：“我是同性恋。”

他承认出柜，辞去州长一职，走下政坛，被亚利桑那州的一家诊所确诊为“创伤后应激综合征”。

※

“你见过詹姆斯·吉里根吗？”吉姆在餐馆里问我，“哦，我爱吉里根，我爱吉里根。”

事实上，刚开始写这本书的时候，我就见过詹姆斯·吉里根。当时，乔纳·莱勒才在奈特基金会的午宴上发表公开道歉。吉里根是美国东海岸的精神病学专家，刚刚步入老年，时常面带忧色，戴着金丝眼镜，头发稀疏。他在纽约西村的公寓有个后院，我们就在这里见了面。要解释羞辱对人们内心的影响，他可能是世界上最了不起的专家。这就是为什么他如此反对社交媒体上公开羞辱的复兴。我想知道，为什么他选择羞辱作为一辈子的研究对象。

吉里根告诉我，在20世纪70年代，他是哈佛医学院年轻的精神病学专家。他每天的工作就是“治疗你我这样的中产阶级神经症患者”。当时，马萨诸塞州的监狱和精神病院里盛行“自杀、他杀、暴乱、绑架、焚烧等你能想到的危险行为。囚犯被杀，狱警被杀，访客也会被杀。整个70年代，局面都是失控的。光是在一个监狱里，每个月都会发生一起谋杀，每六星期都会发生一起自杀”。

囚犯们吞下剃须刀片，戳瞎双眼，把自己和别人变成太监。美国地方法院的法官亚瑟·加里蒂命令狱政局组建精神病学专家小组，重整秩序。吉里根受邀担任组长。他答应了，但没抱太大的期待。他觉得狱中暴力分子很可能是反社会分子。

“大学教育告诉我，反社会分子通常是天生的，”他说，“他们只想操纵你，从而获得减刑。”

在他的想象里，那些人简直属于另一个物种。第一次走进收容精神病犯人的布里奇沃特州立医院时，他也有同样的感觉。

“我见到的第一个人曾在波士顿贫民窟当皮条客，”吉里根说，“他杀过几个妓女，还有其他一些人。被捕前，他在居民区杀了几个人，所以被送到查尔斯街拘留所等候提审。刚到那里，他就杀了个囚犯。人们说，‘他太暴力了，不能待在拘留所。我们得把他送到沃波尔，那里是高防备监狱’。他在那里又杀了好几个人。我就是这个时候见到他。他看起来像僵尸一样，既沉默又偏执，算不上精神错乱，但肯定是不正常。每个人都害怕被他杀掉。我想，‘这个人是无可救药了’。为保障其他人的安全，我们把他关进了一栋上锁的宿舍楼。白天，我告诉守卫：‘始终跟他保持一段距离，至少六英尺。不要逼迫他，否则你很可能受伤。’”

这个情况维持了一段时间。最后，这个人（还有一些类似的人）终于对吉里根放松了戒备。他们告诉他的事，让他大吃一惊。

“这些人都说，自己早就死掉了，”吉里根说，“这是最无可救药的暴力特征。他们都说，自己在杀死别人之前已经死掉了。他们的意思是，心如死灰。他们没有感觉，没有感情，连身体感知都消失了。有些人会拿刀自残，或者用最可怕的方式自我毁灭。这不是出于愧疚，也不是出于对罪行的忏悔，而是他们想知道自己还有没有感觉。他们发现，内心的麻木比肉体的痛苦更难忍受。”

吉里根在笔记本里写满了采访这些人时观察到的东西。他写道：“有些人告诉我，他们觉得自己像机器人或僵尸一样，身体已经被掏空了，里面不是血肉，而是稻草，不是血管和神经，而是绳索或丝线。有个囚犯告诉我，他觉得自己就像‘腐烂的食物’。这些人的灵魂不是死掉了，而是被谋杀了。这种事是怎么发生的？他们是怎么被谋杀的？”

他觉得，自己受邀来到马萨诸塞州监狱和精神病院，正是来揭开这些谜团的。

有一天，他突然意识到，“暴力罪犯有个共同点，那就是想保守一个秘密，”吉里根写道，“一个至关重要的秘密。这个秘密就是，他们感到羞耻，深不见底的羞耻，长年累月的羞耻，让人如坐针毡的羞耻。”每次犯罪都和羞耻有关。“我没见过哪种暴力行为不是由羞耻、惭愧、无礼和嘲笑引发的。这些人从小就被枪击、斧砍、咒骂、毒打、扼喉、虐待、下药、挨饿、窒息、放火、强奸、扔出窗口，或者被做老鸨的母亲逼着卖淫。换句话来说，就是惨遭羞辱和排斥，导致颜面无存，声名扫地。别人毁掉了他们的自尊，谋杀了他们的灵魂。”对他们每个人来说，这种羞辱是“如此剧烈，如此怪异，如此频繁。所有人都能看到，成年后经常采取极端暴力行为的人，童年时都是极端暴力行为的受害者”。

所以，他们长大后“所有暴力行为，都是试图用自尊取代耻辱”。所以他们会杀人。有个囚犯告诉他：“你无法想象，用枪对准一个人的脑袋时，你的自尊心会得到多大的满足。对一辈子都活在鄙夷和蔑视里的人来说，靠杀人取得暂时的尊严，诱惑实在是太大了。相比之下，坐牢甚至死刑都算不了什么。”

他们入狱后，情况变得更糟糕了。沃波尔是20世纪70年代马萨诸塞州暴乱最频繁的监狱。在这里，狱警会故意往牢房里灌水，在囚犯的食物里放虫子，强迫囚犯趴在地上，得到许可才能起来吃饭。有时候，他们还会谎称有人来探监。平时基本没人来探望囚犯，所以这是个令人激动的好消息。然后，他们会说根本没人来，只是开个玩笑。诸如此类的事还有很多。

“他们以为这能让囚犯老实听话，”吉里根告诉我，“实际上恰好相反。这激发了暴力行为。”

“真的每个杀人犯都这么说？”我问，“他们做这些事是因为感到耻辱？”

“过去几十年里，我一直感叹这个原因竟如此普遍。”吉里根回答。

“波士顿的那个皮条客呢？”我说，“讲讲他的故事吧。”

“母亲觉得他被恶魔附了身，”吉里根说，“在阴暗的地下室办了几次驱魔仪式。他吓得要死，尿了裤子。他肯定没有得到过通常意义上的关爱。母亲赋予了他消极的身份认同，说他身体里有恶魔，所以他就照此行事了。”吉里根停顿了一下。“有些人过了很久才向我坦白。承认自己有羞耻感，本身就是一种耻辱。顺便说一句，我们用的词是‘感觉’，羞耻的‘感觉’。但我认为‘感觉’这个词用错了。”

把羞耻称为一种“感觉”，其实有点自相矛盾。羞辱最初

> 会带来痛苦，但持续不断的羞辱会让人越来越不敏感。羞耻和寒冷一样，本质上都是缺乏温暖。当程度超过某个界限，羞耻就会像寒冷一样，让人感到麻木，心如死灰。（在但丁的《神曲·地狱篇》里）地狱的最低层不是火焰，而是寒冰，是极度的严寒。
>
> ——詹姆斯·吉里根，《暴力：反思最致命的流行病》（*Violence: Reflections on our Deadliest Epidemic*），1999年

“最后，我忽然想到，”吉里根告诉我，“英语里有个词能描述这种状态，那就是‘羞愧难当’（mortification）。”

※

> 他们觉得自己像机器人或僵尸一样，身体已经被掏空了，里面不是血肉，而是稻草，不是血管和神经，而是绳索或丝线。

吉里根说这句话的时候，我想起了乔纳·莱勒濒临崩溃的样子。当时，他站在直播推特评论的大屏幕前，试图向公众道歉。他看上去很不自在，觉得当众表露情绪很叫人尴尬。

“希望我把刚才讲给你们的这个故事讲给我的女儿时，”他说道，“我已经成为一个更好的人了……”

“他永远不配当作家。”这是推特的回应。

“他似乎一点也不懂什么叫羞耻。”

“乔纳·莱勒就他妈是个反社会分子。”

后来，乔纳跟我谈起了当时的感受：“我觉得自己必须屏蔽掉一些情绪。”

乔纳在好莱坞山有房子，还有个深爱他的妻子，有足够的自尊心帮他渡过困境。但我相信，站在大屏幕前面时，有那么一瞬间，他一定感觉到了囚犯对吉里根描述的“心如死灰”。我也感觉到了。乔纳和吉里根谈到“屏蔽”的时候，我很明白他们指的是什么——从痛苦转向麻木。

※

詹姆斯·吉里根一辈子备受推崇。美国总统克林顿和联合国秘书长科菲·安南钦点他加入顾问委员会，研究暴力的起源。在马丁·斯科塞斯导演的《禁闭岛》（*Shutter Island*）里，本·金斯利的角色就是以他为原型的。尽管他得到了无数美誉，但我离开他家时，还是觉得，他并不认为自己这辈子做的事很成功。他原本有机会彻底改变美国监狱对待罪犯的方式，可惜没有成功。

为什么呢？整个20世纪80年代，吉里根都在马萨诸塞州的监狱里做团体治疗实验。那些实验一点也不激进，只是尝试“给囚犯足够的尊重”，吉里根告诉我，“给他们一个机会，宣泄自己的愤怒、期待、愿景和恐惧”。关键在于营造一个不会让人感到羞耻的环境。“团队里有个精神病学专家把囚犯称为‘渣滓’，我就告诉他，以后再也不想见到他了。这不仅会影响对患者的治疗，对我们自己也有危险。”刚开始，狱警们对实验持怀疑态度，“但到最后，有些人甚至开始嫉妒囚犯了，”吉里根说，“其实很多狱警也需要这方面的帮助。他们收入微薄，教育程度也不高。我们就让一些狱警也参与了进来。他们不再侮辱囚犯，也不再盛气凌人了。暴力事件显著减少。”

就连过去人们不抱希望的囚犯也有了改观，吉里根说。甚至包括那个波士顿的皮条客。“参加我们的实验后，他发现了一个十八岁的智障儿，那个人连鞋带都不会系。他开始照顾他、保护他，把他送去餐厅，再带回来，不让他被别人伤害。我心想，‘谢天谢地，他走上了恢复人性的正轨。’我告诉手下：‘不用管他们。’他们的关系渐渐建立起来。现在，他有了自己的生活。二十五年来，他连别人一根头发丝都没伤过，行为举止都和正常人无异。他没有出去找工作，可能永远也无法重返人类社会。他也不愿意这么做，因为明知自己办不到。他心理有缺陷，缺乏自控力。但他恢复了人性，远远超乎我的想象。他在监狱的精神病院找了份工作，成了对外界有用的人。我回去探访的时候，他微笑着对我说：‘你好，吉里根博士，最近怎么样？’”吉里根停顿了一下，“类似的故事，我能讲出一百个。有些囚犯用脑袋撞墙，把眼睛弄瞎了。”

1991年，吉里根计划安排哈佛讲师到监狱里免费授课。有什么能比教育更适合消除耻辱感呢？他的计划刚好赶上新一届州长威廉·维尔德上任。在宣誓就职的新闻发布会上，维尔德被问到如何看待吉里根的创举。“他说，‘我们必须阻止这种做法，不能让囚犯免费接受大学教育’，”吉里根告诉我，“否则没钱上大学的人会抢着犯罪，争取在监狱里免费受教育。”

于是，教育计划流产了。

“他毁掉了一切，”吉里根说，“夺走了希望。我不想给这种人做事。”于是，吉里根选择了退出。

随着时间的推移，他成了监狱改革者缅怀的偶像。如今，在美国的监狱里，只有少数几个受他影响的团体治疗项目。巧的是，其中一个就在新泽西州卡尼的哈德逊郡惩教中心。悄悄运作这个项目的，正是新泽西州前州长吉姆·麦格雷维。

※

哈德逊郡惩教中心底下几层都和心理治疗无关，看上去灰败阴暗，就像城市休闲中心里最丑的部分，有一条长长的走廊，连接着更衣室和永远建不成的游泳池。这里关押着新泽西州的移民嫌疑犯。2012年11月，据拘留观察网报道，它入选了美国十大最差移民监狱。据传闻，有些看守把犯人称为“畜生”，肆意嘲弄，进行不必要的强制搜身。报道还称：“很多移民发现，狱警会把个人情绪带到工作中，拿犯人撒气。”

“每天都是好日子！”吉姆朝正在拖地的移民嫌疑犯喊道。那个人吓了一跳，露出不自然的笑容。

我们继续往前走，经过呆坐在那儿、盯着墙看的囚犯。“普通的监狱提供最糟糕的惩罚，”吉姆告诉我，“会伤及你的灵魂。犯人成天在糟糕的环境里做毫无意义的事。”

我想起了林赛·斯通。她在屋里待了一年，每天只盯着电脑，看网友侮辱和她有类似经历的人。

“人们会神游天外，”吉姆说，“犯人常常告诉我，他们在心里筑起一道墙，屏蔽了外界的一切。”

吉姆和我走进电梯，里面有个犯人。没有人说话。

“每天都是好日子！”吉姆说。

还是一片寂静。

“关注你的性格！性格即命运！”吉姆说。

电梯到了顶层，门开了。

“你先。”吉姆说。

“别，别这样，您先。”犯人说。

“不，你先。”吉姆说。

“不行，您先。”犯人说。

我们就这样站在那里。最后，犯人先出去了。吉姆向我露出了开心的笑容。

我第一次见到吉姆的时候，他就冲一个惊恐万状的陌生孩子大吼“好好学数学”！当时，我觉得他有点疯疯癫癫的。但不知从什么时候开始，我越来越觉得他像个英雄了。我想起乔纳公开道歉时背后大屏幕上的一条推特“他永远不配当作家”，还想起贾斯汀·萨科收到的一条评论“你那条推特会永世长存”。在我调查公开羞辱事件的两年里，“永远”这个词频繁出现。公众对乔纳和贾斯汀等人的态度是：“不行，没门儿。休想回到正常的生活。我们绝不会原谅。”但我们很清楚，人性很复杂，每个人都有优点、缺点和过错。那为什么要假装自己不会犯错呢?

吉姆·麦格雷维正顶着压力，试着做一些不平凡的事。

我们面前是一间上着锁的巨大寝室，里面有四十名女囚。这就是吉姆的心理治疗小组。我们等人来开门。吉姆说，和楼下不一样，这些女人“八点半起床。每个人都要工作，都安排了体力活，还要参加各种讨论会，关于性虐、家暴还有情绪管理。然后是午饭时间。下午接受职业技能培训，打扫房间。这里有书，有点心，还有图书馆。做妈妈的睡前可以通过Skype给孩子念故事”。

夏日的阳光透过窗户照进房间。狱警开门让我们进去时，说里面气氛很紧张，因为暖和的天气会让犯人意识到自己被关着。

吉姆让大家围成一圈，开始团体例会。这里不许录音，所以我只能用笔记下一些对话片段，比如：“……我来自一个小镇，每个人都知道我在坐牢，这让我心里很煎熬……”，还有“……大多数人都知道拉克尔在这里……”

这时，几个女人朝拉克尔望去。她们看上去小心翼翼的，但又显得毕恭毕敬。这里几乎每个女人都是因为贩毒或卖淫进来的。但人们看待拉克尔的方式却让我意识到，她的情况与众不同。

拉克尔往四周看了一圈。她有点烦躁不安，其他人都比较安静。我不知道拉克尔是犯了什么事进来的，也不知道该怎么问。但例会一结束，拉克尔就冲到我面前，把一切统统说了出来。我就像电视剧《广告狂人》（*Mad Man*）里的秘书一样拼命记，竟然全都记下来了。

“我出生在波多黎各，”她说，“从四岁起就遭到性虐待。六岁的时候，我搬到了新泽西州。我能回想起来的成长经历，要么是被人一拳揍在脸上，要么是被人说得一文不值。十五岁的时候，哥哥打断了我的鼻梁。十六岁的时候，我认识了第一任男友，三个月后就和他结婚了。我开始抽大麻，酗酒。我劈了腿，离开了丈夫。十八九岁的记忆是一片模糊。我试了海洛因，感谢上帝，还好没上瘾。我经常喝得酩酊大醉。我们一起去酒吧，等人从里面出来，就抢走他们的钱，嘲笑他们屁滚尿流的傻样。突然，我怀孕了。我怀上了唯一可能爱我的小东西。1996年1月25日，我儿子出生了。我去商学院读书，后来退学了。我又生了个女儿。我们搬到了佛罗里达州。在那里，我们一起打水仗，一起看午夜电影。我买回一大堆他们爱吃的东西，铺在床上，一边吃一边看，直到昏昏入睡。我们在雨里打棒球。我儿子喜欢喜剧和戏剧，他会唱歌，十四岁就在选秀节目里得了奖。我经常催他做作业。我让他写过五页的报告，读过百科全书。他十四岁的时候，我把他推下床，扇他耳光。有个女孩发短信问他：'你是处男吗？'我气疯了，玩命扇他耳光，留下了很多指甲印。"

十个月前，拉克尔送孩子去佛罗里达他们的父亲那里度假。她目送孩子走进飞机口的时候，儿子忽然回过头来对她说："你猜我不回来的概率有多大？"然后，他马上接了一句，"只是开玩笑啦。"

拉克尔也冲他喊："你猜你赶不上飞机的概率有多大？"

她儿子往前走了几步，又回过头来："我们应该打个赌。"

"那是他对我说的最后一句话。"拉克尔说。

那个星期五，儿童家庭事务局的人来到拉克尔家。儿子控告她虐童。

“他经常问我，能不能晚上九点以后再回家，”拉克尔说，“我说不行。他问为什么，我说：‘外面有人会伤害你。’但我对他的伤害比任何人都深。感谢上帝，他们在有机会离开我的时候，就把握住了机会。他现在安全了。他有机会长成真正的青年了。他是个愤怒的孩子，这是我害的。我女儿很腼腆，沉默寡言，也是我害的。我祈祷他们能上过正常的生活。”

服刑的头一个月，拉克尔被关在楼下，没有参加心理治疗。

“那里是什么样子？”我问她。

“楼下很乱，”她回答，“大家都很野蛮。姑娘们拿餐盘互相扇脸。有些姑娘如果看不惯你，就会把你推进一个房间，锁上门，在里面打上一顿，最后走出来的也鼻青脸肿了。在楼上，我们可以吃点心，看电视，还可以把书摊在桌上。我们就像在大学的自助餐厅里小口喝咖啡一样，感觉太棒了！”

就在这个时候，发生了一阵骚乱。我们身后的一个女人突然晕倒在地，癫痫发作。大家赶紧把她抬到担架上。

“已经好点了！”另一个女人在后面大吼。

“快点送药过来！”一名狱警冲着对讲机大喊。

吉姆和我离开监狱，朝他的车走去。

“你觉得拉克尔会在监狱里待多久？”我问。

“两星期后就知道了，”他回答，“到时就能知道检察官是怎么看的了。我猜她还得待上几个月。”

吉姆说一有消息就通知我，然后把我送到了火车站。

但两星期后，我没有收到吉姆的消息。于是，我发了封邮件：“拉克尔怎么样了？”

吉姆在回信中说：“她昨天得到了一个坏消息。她面临严重的指控，现在情绪很糟。”

我赶紧给他打电话：“他们到底指控她什么？”

“一级谋杀未遂。”吉姆的声音有些颤抖，“她冲儿子扔了把刀。他们说可能会判二十年。”

※

又过了六个月，纽瓦克市政厅的会议室里坐着三个人——吉姆、拉克尔和我。

吉姆介入了拉克尔的案件。他指出，拉克尔是“虐待怪圈”的受害者，希望检察官慎重考虑，酌情减刑。检察官被说服了。二十年的刑期减到了四个月，拉克尔很快就出狱了。

“如果羞辱能起作用，如果监狱能管用，那么应该能看到效果。”吉姆对我说，“但其实并不管用。你瞧，有些人需要永远待在监狱里。有些人是没救的……但大多数人……”

“在美国司法体系里，‘地狱’和‘救赎’的界限划得很清楚，这是种误导。”我说。

“一边是不堪重负的公设辩护律师，一边是循规蹈矩的检察官。”吉姆说。

这本书关注的是没有犯下大错的人。贾斯汀和林赛只是开了些愚蠢的玩笑，整个人生就被毁了，我们坚决不肯原谅她们。与此同时，吉姆正在悄悄拯救那些犯过大错的人。我惊讶地意识到，如果消除羞耻感对拉克尔都管用，能让她这样的人重回正道，我们在报复和泄愤的时候就真该考虑再三了。

拉克尔获得的自由是有限制的。五年内，她都不能联系自己的孩子。五年后，她的儿子就二十二岁了，女儿也十七岁了。“即使她到了十七岁，联系她也得经过他们父亲许可，”拉克尔告诉我，“因为我被剥夺了抚养权。”不过，事情还有转机。“我在佛罗里达有些朋友，跟他们关系还不错。有个朋友昨天打电话跟我说：‘你猜刚才谁在Facebook上关注了我？’我问：‘谁啊？’‘你女儿。’我说：‘不会吧！’我女儿给她发了消息，她把这些消息读给我听。我女儿好像喜欢上了一个人。他的下巴有条小缝，头发是沙褐色……”

我告诉拉克尔，看见她心情这么好，我真为她高兴。然后，她告诉了我另一个消息。

“昨天，团体治疗结束后，布莱克小姐把我叫进了办公室。”

布莱克小姐是拉克尔在过渡教习所的负责人。

“她说：‘拉克尔，我一直在观察你的一举一动，大家都愿意听你的。我想让你在这里工作，你能给我份简历吗？’”

拉克尔回答：“太幸运了，我手头就有份简历。”

她又问了一句：“布莱克小姐，这是真的吗？”

布莱克小姐点点头。

※

我接到了迈克尔·菲尔迪克手下的电话。他们开始处理林赛·斯通的事了。

第十四章
重塑互联网形象

“你现在有什么特别的爱好吗？马拉松？摄影？”

法鲁赫·拉希德在旧金山的会议室里跟林赛开电话会议。我坐在纽约家里的沙发上，听他们俩对话。

几个月前，我就见到了法鲁赫。当时，迈克尔的公关人员莱斯利·霍布斯带我参观reputation.com的办公室。那两层楼隔音效果很棒，名人客户可在里面打电话，不用担心隔墙有耳。她给我介绍法鲁赫的时候，说他通常只为迈克尔的VIP客户服务，也就是那些首席执行官和社会名流。

“你们能为林赛提供量身定制服务真是太好了。”我说。

“她需要帮助。”莱斯利回答。

她确实需要。迈克尔的手下在网上搜索了林赛，发现除了这起照片事件，她没有留下任何信息。

“那五秒钟是她在网上留下的唯一信息？”我问。

法鲁赫点点头：“不只是这个林赛·斯通。全美国叫这个名字的有六十个人，都面临着同样的问题。比方说，得克萨斯州奥斯汀的一个设计师、一个摄影师，还有一个体操运动员，都因为这张照片躺枪了。”

“很抱歉给你惹了这么大的麻烦。”我说，心里暗暗给自己竖起了大拇指。

“哦，没关系，我们很激动，”法鲁赫说，“这确实是个挑战，但这个挑战很有意义。我们要向互联网介绍真正的林赛·斯通。”

“猫对你来说重要吗？”法鲁赫在电话会议上问林赛。

“当然。”林赛说。

我听见法鲁赫往电脑里输入了“猫”这个字。法鲁赫年纪轻轻，精力旺盛，性格外向，跟玩世不恭和愤世嫉俗完全搭不上边。他希望把林赛也塑造成这个样子。他的推特个人简介上写着“喜欢骑车、徒步、和家人团聚”。他打算在Tumblr、LinkedIn、WordPress、Instagram和YouTube等网站上给林赛·斯通注册账号，用积极正面的信息把那张可怕的照片刷下去，刷到谷歌一般不会被人注意的地方，比如搜索结果的第二页。根据谷歌搜索出来的信息，百分之五十三的人只会看前两个搜索结果，百分之八十九的人不会翻到第二页。

“搜索结果的第一页，”迈克尔的策略官杰瑞德·希金斯带我参观办公室的时候说，“决定了别人怎么看你。”

身为作家、记者、父亲和普通人，我被这种简单粗暴的认识世界的方式吓到了。

“我很喜欢音乐，”林赛告诉法鲁赫，“流行音乐排行榜前四十都喜欢。”

“太棒了，”法鲁赫说，“咱们在这上面做点文章。你会演奏乐器吗？”

“以前会，”林赛说，“算是自学的吧。其实是瞎鼓捣着玩的。我只是……”她的声音突然变小了。她最开始觉得很有趣，现在却感到难为情了。这件事似乎让她深受困扰，促使她开始思考“我是谁”和“我们在做什么”这些问题。

“这对我来说很不容易，”她说，“作为一个普通人，我真不知道该怎么……塑造网络形象。我拼命想挤出点什么，让你们有东西可写。但这真的很难，你懂吗？”

“钢琴？吉他？架子鼓？”法鲁赫问，“要不说说旅游？你去过哪里？”

“我也不知道。”林赛说，“我去过洞穴，去过海滩，买过冰激凌。”

应法鲁赫的要求，林赛用邮件发过去了一些跟华盛顿之旅无关的照片，还详细讲述了自己生活的小细节。她最喜欢的美剧是《公园娱乐》（*Parks and Recreation*）。她在沃尔玛打工的那五年“简直是恶心透顶”。

“你确定想说沃尔玛‘恶心透顶’？”法鲁赫问。

“啥……你说真的？”林赛笑了起来，就像在说：“算了吧！大家都清楚沃尔玛是什么样！”但她马上就犹豫了。

电话会议让她突然情绪低落。这跟法鲁赫没关系。他很有同情心，想为她出力。最让人难过的一点是，林赛只是因为天真率直，开了个没过大脑的玩笑，就在网上激起了公愤。现在，为了保证自身安全，她只好跟法鲁赫合作，聊什么猫咪、冰激凌和流行音乐排行榜前四十。在我们创造的这个世界里，最明智的生存策略，竟然是泯然众人。

※

放在过去，迈克尔·菲尔迪克根本用不着这么大费周章。20世纪90年代中期，搜索引擎只认关键词搜索次数。如果你想让“乔恩·罗森”变成AltaVista或HotBot网站搜索排行榜第一的关键词，只要反复输入“乔恩·罗森”就行了。如果想要提高知名度，这两个网站对我来说最管用，但对其他人来说并不是。

后来，斯坦福大学的拉里·佩奇和谢尔盖·布林想出了新点子。为什么不搞个以网络热度为排行标准的搜索引擎？如果别人在网页上放了一个指向你页面的超链接，就相当于给你投了一票。他们觉得，链接就像引用一样，体现了认可和尊重。如果很多人的网页都链接着那个人的页面，就相当于给你投了很多票。一群人对你表示敬意，要比一个人孤芳自赏有价值。他们付诸实践，并用佩奇的名字，将其命名为“网页排名”（PageRank，又称“佩奇排名”）。新算法一推出，我们这些早期搜索引擎使用者就被迷住了。

这就是为什么法鲁赫需要在LinkedIn、Tumblr和推特上创建林赛的页面。他们将手动提高网页排名的级别，让谷歌算法接受。但问题在于，谷歌一直在改进，在以不为人知的方式调整算法。

“谷歌是头狡猾的怪兽，是个移动的靶子，”迈克尔告诉我，“所以我们在试着破译，反向编程。”

迈克尔现在了解的情况是：“谷歌偏爱年代久远的信息，觉得旧信息更可靠。同时，它也偏爱刚刚出现的信息。每隔一阵子，比如六星期或十二星期，它就会刷新一次。”所以，迈克尔的手下推测，林赛对猫或其他东西的喜爱“最初会影响很大”，接着“效果会有起伏”，最后“恢复原样”。

迈克尔的客户都担心会“恢复原样”。最令人沮丧的事莫过于，正面信息被刷到第二页，可怕的负面信息重新占据第一页。但杰瑞德·希金斯告诉我，“恢复原样”其实很有意义。“恢复原样”就是你觉得美国演员格伦·克洛斯死了，她却突然满腔怒火地跳了出来，其实只是受了伤，有点虚弱而已。

“‘恢复原样’说明算法不确定，”杰瑞德说，“它在把东西挪来挪去，从数学的角度做评估，决定要向大家展示这个人的哪些信息。”

在算法做评估的过程中，杰瑞德说：“我们会闯进去干扰它。”

他们会在Tumblr上发布林赛的海滩之旅，用琐碎的正面信息对算法进行轰炸。干扰行动必须经过精密策划，不然只要谷歌发觉不对劲，警铃就会响起。“所以，我们制定了周密的日程，每天编写发布的内容都是规划好的，”杰瑞德说，“网络活动看上去非常自然。这是个不小的智力考验。”

※

迈克尔·菲尔迪克和我共进晚餐的时候说，经常有人批评他“改变搜索结果就是篡改真相，压制言论自由”。他喝了一口酒。“但这是伴随网络私刑而生的，是对人生的修正。”

“我知道。”我说，“林赛这一年来受了很多罪，连去唱卡拉OK都成了折磨。”而卡拉OK仅仅是跟朋友在一间屋子里唱歌啊！

“这还算是正常反应，”迈克尔说，“有些人会换电话号码，有些人会闭门不出，有些人会接受心理治疗。他们都有创伤后应激综合征的迹象。这就像斯塔西（冷战时期东德的秘密警察）时代一样，人们时刻觉得受到监视，不敢显露真实的自我。”

“就像美国国家安全局一样。”我说。

“比国安局还可怕。”迈克尔说，“国安局找的是恐怖分子。他们不会对你幸灾乐祸，从中获得精神上的快感。”

我很想知道，迈克尔为什么会拿斯塔西打比方。网上有句俗话，把对手比作纳粹时，你已经输掉了辩论。这就是所谓的“高德温法则”（Godwin’s Law）。同样的说话或许也适用于斯塔西。他们会潜入有通敌嫌疑的人家里，趁他们熟睡往身上喷放射物质，以便日后跟踪。斯塔西特工靠盖格计数器探测放射物质，在人群里跟踪那些人。在斯塔西时代，很多有通敌嫌疑的人都死于原因不明的癌症。

但斯塔西不仅仅施加肉体伤害，还努力构建史上最严密的监视网。这么看起来，通过研究斯塔西的监视行动，来理解当今社交媒体上的监视网，不是没有道理的。

安娜·方德在影响深远的历史著作《斯塔西之地》（*Stasiland*）中，采访了有一天突然遭到审问的女子茱莉亚。斯塔西截获了她和西德男友的通信，在审问室里对她发起了诘难。

> 桌上有一摞她写给意大利男友的信，旁边是一摞男友写给她的回信。这个男人对一切都了如指掌。他能看出她何时满腹疑虑，能看出何种甜言蜜语令她心醉神迷，能看出她意大利男

友赤裸裸的渴望。

——安娜·方德，《斯塔西之地》，格兰塔出版社，2003年版

茱莉亚告诉安娜·方德，警官当着她的面把信读出来，还时不时加入几句评论，这让她“受到了严重的精神伤害”。她说，“可能这就是为什么，只要一有男人接近，我就会有极端的反应。我会将此视为对我隐私的又一次侵犯”。

安娜·方德写《斯塔西之地》是2003年，也就是斯塔西消失的十四年后，推特诞生的三年前。没有吹毛求疵的警官在监视贾斯汀·萨科的思想，推特是她自己发出来的。她像我过去一样，误认为推特是向陌生人吐露真实想法的安全地带。事实证明，这个想法太天真了。

安娜·方德拜访了一位负责招揽线人的斯塔西官员。她很想知道，随着越来越多的行为被认定是通敌行为，线人工作量巨大，报酬又很低，他是如何说服大家当线人的。

“大部分人都是一口答应下来。”他说。

“为什么？”她问。

“有些人相信这份工作很有意义，”他说，“但我觉得主要原因在于，当线人让他们很有成就感，你懂吗？有人每周花几小时听他们说话，做笔记，让他们觉得自己高人一等。”

斯塔西官员竟然说自己的线人态度高傲，这让我大为震惊。但对推特用户似乎也能用同样的形容词。社交媒体让沉默的人有了发声的机会，它最大的特点就是“人人平等”。但安娜·方德发现了一份斯塔西心理学家写的报告，内容再次让我惊讶不已。报告试图解释为什么有那

么多人自愿充当斯塔西的线人，得出的结论是："人们都有一种强烈的冲动，想要确保邻居没有行差踏错。"

※

2014年10月，我最后一次驱车拜访林赛·斯通。我上一次跟她和法鲁赫联系还是四个月前。我没给他们打过电话，他们也没给我打过电话。因为林赛这个客户是他们看我的面子才接的，我心里难免有点打鼓，生怕自己没在的时候，他们会越来越不上心。

"天哪，没有的事！"林赛说。我们坐在她家厨房里。"他们每星期都给我打电话，没有断过。你不知道吗？"

"不知道。"我说。

"我还以为你们一直都保持联系呢。"她说。

林赛掏出手机，翻了一下法鲁赫发来的无数封邮件，大声念了几篇法鲁赫团队用她的口气写的博客，提醒大家旅行时把酒店的保险箱用起来——"游客们，时刻保持警惕！"还有，到了西班牙，千万别错过特色小吃塔帕斯。

每篇博客发布前，都会经过林赛本人的同意。她只对两篇说过"不"。有一篇说的是她很期待女神卡卡（Lady Gaga）即将推出的爵士专辑（"我喜欢女神卡卡，但对她的爵士专辑没什么兴趣"），另一篇是她对迪士尼乐园五十周年庆的祝贺："地球上最快乐的地方！迪士尼乐园生日快乐！"

"迪士尼乐园生日快乐！"林赛脸红了，"我绝对不会……我的意思是，虽说在迪士尼乐园度过了美好时光……"

“谁不是呢？”我说。

“但还是……”林赛的声音越来越小。

我们都哈哈大笑，但笑过之后感觉很糟糕。

“他们工作那么卖力。”林赛说。

“他们必须这么做。”我说。

“是啊，”林赛说，“有个高中同学对我说：‘我希望你还是你。我希望人们知道你有多风趣。’那太吓人了。发生过这么多事之后，我再也不敢故作风趣了……连边都不敢沾，更别说是跨越雷池了。所以我总在问：‘我不知道，法鲁赫，你怎么看？’”

“我之所以踏上这段旅程，是因为别人盗用了我的身份。”我说，“你的身份被陌生人占用过两次，但至少第二次是好事。”

在漫长的十一个月里，林赛始终没有用谷歌搜索自己的名字。因为，最后一次这么做的时候，看到的东西至今让她心有余悸。那天是退伍军人节，她发现有些老兵“想知道我在哪里，而且绝非好意”。

“他们打算把你找出来，然后再一次毁掉？”我问。

“对。”她说。

从那以后，她再也没有搜索过。现在，她胆战心惊地敲出了自己的名字：L……I……N……

林赛难以置信地摇着头。“太不可思议了！”她说。

两年前，那张照片在谷歌图片里随处可见，人们的羞辱铺天盖地。“一页接一页，”林赛说，“无穷无尽。它看上去那么巨大，那么沉重。”

现在，一切都消失了。

好吧，准确地说，是几乎都消失了。还有些漏网之鱼，有三四张吧，但它们已经混在林赛做其他事的照片里了。那些照片里只有微笑。更妙的是，很多照片是其他林赛·斯通的，也就是跟她同名同姓的人，比如一名排球运动员和一位游泳健将。游泳健将有张照片拍摄于纽约州五百码自由泳锦标赛夺冠的瞬间，配图的文字是："林赛·斯通准备充分，一切按部就班。"

完全是另一个人，做着众人交口称赞的事。没有比这更好的结果了。

第十五章
游街示众

我们一直能够影响司法体系，但从当众鞭笞被取缔算起，一百八十多年来，我们第一次有权决定某些惩罚的力度。所以，我们必须认真思考，什么样的力度才是恰当的。我个人已经不再参与公开谴责他人的行为，除非那个人确实对别人造成了伤害。但即便如此，我也不一定会插手。我有点怀念那种乐趣了。这就像我刚开始吃素的时候，会怀念牛排的味道，但没有预想的那么强烈。不过，我再也无法屏蔽屠宰场了。

迈克尔·菲尔迪克在伍德赛德乡村酒吧里说的一些话，常常在我脑海中盘旋。他说："最大的谎言是'互联网以你为中心'。我们喜欢将自己视为有选择、有品位、有个性的人。但互联网并非以我们为中心。掌控网络数据流的大公司才是互联网的主人。"

现在，我突然产生了怀疑。贾斯汀·萨科的毁灭能让谷歌赚钱吗？能不能算出具体的数目？所以，我跟数据研究员索维耶·克劳斯通力合作，开始给经济学家、分析师和网络广告收入统计员发邮件。

有些数据不难查出来。2013年12月，贾斯汀事件发生的当月，谷歌搜索量高达一百二十二亿次。这个数字让我稍微放了点心，不再担心某个谷歌内部人士会看不起我。毕竟，我只是一百二十二亿分之一嘛。当月谷歌的广告收入为四十六亿九千万美元。这就意味着，平均每次搜索能给他们带来零点三八美元的收入。我们每用一次谷歌搜索，就相当于给它捐了三十八美分。12月的一百二十二亿次搜索中，有一百二十万次搜的是“贾斯汀·萨科”。这么算下来，贾斯汀的灾难一下子就让谷歌赚了四十五万六千美元。

不过，只用一百二十万次乘以零点三八美元，算出的数字可能不太准确。对谷歌来说，一些搜索要比另一些值钱得多。广告商会为“酷玩乐队”“珠宝”“肯尼亚度假”等“高频词”竞价。可能没有一位广告商想把产品跟“贾斯汀”连在一起，但这并不意味着谷歌没从她身上赚到钱。当时，贾斯汀是全球最热门的推特话题人物。当天晚上，社交媒体用户最关注的就是这件事。要不是为了寻找她的蛛丝马迹，大家才不会特意上谷歌搜索呢。她把人们引了过来。我确信，只要用了谷歌搜索，肯定会有人预定肯尼亚度假之旅，或者下载酷玩乐队的专辑。

经济研究员乔纳森·赫什给我发了封邮件。他是被纽约公共广播《怪诞经济学》节目的制作人推荐过来的。他在邮件中表明了同样的看法：“这个故事引起了人们的共鸣，使他们觉得有必要上谷歌搜索她的名字。这意味着他们被吸引过来了。如果对贾斯汀的兴趣能让人们在网上多待点时间，这就会直接导致谷歌的广告收入飙升。谷歌公司的座右铭是‘不作恶’，但无论网上发生什么事他们都能赚钱，包括那些不好的事。”

他写道，由于缺少谷歌的详细数据，他只能提供粗略的估计。据保守估计，贾斯汀属于“低价关键词”，价值只有平均值的四分之一。我个人觉得这个数字有点太保守了。如果事实如此，就意味着贾斯汀·萨科的毁灭让谷歌赚了十二万美元。

也许这个数字很准确。谷歌可能赚得多一些，也可能赚得少一些，但有一点确凿无疑：真正参与毁灭行动的人，一个子儿也没赚到。

※

打一开始我就想知道，为什么网络羞辱会如此残忍。如果你不相信勒庞和津巴多“邪恶像疾病一样会传染”的理论，你也会有同样的疑问。现在，我觉得自己找到答案了，是在一篇文章里找到的。记者托马斯·格茨在文中探讨了21世纪初加州试行的极端交通管理制度，分析得极为深入。格茨写到，加州加登格罗夫的汽车无视学校周边的减速标志，“经常撞上行人和骑自行车的人”。于是，他们决定做个试验，竖起了“你的车速”标志。

读了托马斯·格茨的文章后，我花了很多时间寻找标志的发明者。他名叫斯科特·凯利，是来自俄勒冈州的路标制造商。

“我记得很清楚，我是在哪里想到这个点子的，”他在电话里告诉我，“那是20世纪90年代中期，我开车去女朋友家，路上经过一所学校，脑子里突然冒出了这个标志。”

“你为什么觉得它们会有效果？”我问他，“没有任何东西暗示它们会起作用。”

“没错，”斯科特说，“这就是最有趣的地方。”

理论上说，它们本该毫无效果的。正如托马斯·格茨所写：

这个标志从很多方面看都挺奇怪。它们没有给驾驶员提供任何新信息，毕竟每辆车上都有速度计。开车的人只需瞄一眼仪表盘就能知道车速……“你的速度”标志也没有附带的惩罚措施，没有警察站在边上等着开罚单。数十年来的执法条例决定了，大多数人只有在意识到严重后果时才会遵守限速规定。

换句话说，加登格罗夫的官员们相信，这样一个没有附带任何惩罚措施的标志，能在某种程度上促使驾驶员做到很少有人愿意做的事——减速行驶。

斯科特·凯利的创意一看就很不靠谱，市场销量极其惨淡。美国没有一个城镇愿意使用。所以他只好免费送出样品，给大家试用。有一个辗转到了他居住的社区。

“我记得，开车经过它的时候，我减速了。我知道那里没有摄像头，但还是减速了。我心想：‘哦！它还真管用！’”

其他地方的测试也传回了同样的结果。人们看到这个标志时真的会减速，车速平均减少了十四个百分点，还会保持低速往前开好几公里。

“为什么它们会管用？”我问斯科特。

他的回答出人意料：“我也不知道，真的不知道。我……呃，确实不知道。”

斯科特解释说，作为一名技术宅，他感兴趣的不是心理学，而是雷达和灯泡。不过在过去的几十年里，这个谜题已经被社会心理学家解开了。他们的结论是——反馈回路。

反馈回路就是，你展示某种行为（在限速二十五迈的地方开出二十七迈），得到即时反馈（标志显示车速二十七迈），根据反馈决定是否改变行为（减速到二十五迈），这一决定也得到即时反馈（标志显示车速二十五迈，有些还会显示笑脸符号，作为对你的表扬）。这一切都发生在电光石火之间，也就是开过“你的车速”标志的那一瞬间。

格茨在《连线》杂志上发表文章“充分利用反馈回路”（Harnessing the Power of Feedback Loops），称其为“改变行为的有效工具”。我很赞成在学校周边减速行驶，但或许反馈回路造就了一个人们只考虑自身需求的世界。正如我的纪录片制片人朋友亚当·柯蒂斯在邮件里说的，反馈回路将社交媒体变成了“一间巨大的回音室，我们的信念会被持同样信念的其他人不断强化”。

我们觉得贾斯汀·萨科是怪物，把这个想法表达出来，马上得到了很多人的支持。我们简直像“民权运动之母”罗莎·帕克斯一样，一呼百应。所以，我们马上坚定了信念。

“技术乌托邦主义者，比如《连线》杂志的人，将其视为一种新式民主。”亚当在邮件里说，“但事实恰好相反。它将人们禁锢在原有的世界里，阻止他们探索不同的看法。他们被困在反馈强化的体系里。在我们的生活中，‘世界上存在不同意见’的看法被边缘化了。”

我就是存在不同意见的人。我一直抱定和主流相反的立场，认为贾斯汀·萨科不是怪物。我想知道，如果负面反馈如潮水般涌来，自己会不会因为恐惧而退缩，退回能受到鼓励和欢迎的地方?

“反馈是一种工程原理，”亚当在邮件的最后写道，“所有工程都是为了让你建造的东西保持稳定。”

贾斯汀·萨科的羞辱事件发生后不久，我和一位记者朋友聊天。他告诉我，他有很多笑话、观察和有可能引发争议的想法，都不敢发到网上了。

“社交媒体突然给我一种感觉，就像我正小心翼翼地应对喜怒无常的父母，担心随时可能挨打。”他说，“这太可怕了。”

他不希望我提到他的名字，免得节外生枝。

我们都觉得自己不是墨守成规的人。但我认为，发生的一切使整个时代变得更加因循守旧了。

“瞧！”我们说，“我们是正常人！这才是正常的！”

通过打击异己，我们界定了“正常”的含义。

参考书目和鸣谢

先说一下书名吧。最开始书名很简单，叫作《羞耻》（*Shame*），或者《沥青和羽毛[①]》（*Tarred and Feathered*）。我在书名上折腾了很久。很难给这本书起个合适的名字，我知道为什么。有位被采访者对我说过："羞耻是一种难以表达的情感。它会笼罩你的全身，不是简简单单就能描述的。那种感觉太深刻、太黑暗、太压抑了，很难用文字表达。"

我和垃圾波团队的会面由轻松频道（Channel Flip）的雷米·拉蒙特拍摄，在此要感谢他和轻松频道。像往常一样，我要感谢制片人露西·格林威尔。格雷格·斯泰克曼，也就是以前推特上的@themanwhofell，帮我回顾了推特怎样从畅抒己见的地方变成制造焦虑的场所。格雷格现在已经不用推特了，他的最后一条推特发布于2012年5月10日："推特不是人类待的地方。"我认为这句话太悲观了。我还是很喜欢推特，虽然我没在上面被人侮辱过，但他也没有。"小雪花永远不会觉得自己需要对大雪崩负责。"所以，我们羞辱别人的时候，也觉

① 沥青和羽毛，欧洲古代的一种私刑方式，在人身上涂满沥青，粘上羽毛，游街示众。

得自己不用为此负责。这个观点来自乔纳森·布洛克，在此向他表示感谢。

迈克尔·莫伊尼汉揭发乔纳·莱勒丑闻的始末，我主要是通过采访迈克尔梳理出来的。在此要感谢他和妻子乔安娜。有些背景是我从福斯特·卡摩尔2012年7月30日在《纽约观察者》上发表的文章“迈克尔·莫伊尼汉：揭发乔纳·莱勒捏造引言的人”（Michael C. Moynihan, The Guy Who Uncovered Jonah Lehrer’s Fabrication Problem）找到的。

斯蒂芬·格拉斯相关的信息来自亚当·L. 蓬南伯格2014年1月27日在PandoDaily.com上发表的文章“不给斯蒂芬·格拉斯第二次机会：报业神童漫长而奇异的陨落”（No second chance for Stephen Glass：The long， strange downfall of a journalistic wunderkind）。

丑闻被揭发的前一天，乔纳在圣路易斯的相关信息来自莎拉·布雷利2012年8月2日在meetings-conventions.com上发表的文章“乔纳·莱勒在全球教育会议上犯了错”（Jonah Lehrer Stumbles at MPI）。

乔纳·莱勒在电话里和我详谈，并同意我录下对话。但电话采访之后，他表示不希望出现在这本书里，不想让妻子和家人重新经历此事。但他的经历非常重要，已经路人皆知，从中汲取的教训也很深刻，所以不能略过。

感谢《福布斯》杂志的杰夫·贝尔科维奇帮我联系朋友贾斯汀·萨科。

法官泰德·普尔的生平和成就载于法学家乔纳森·特利多年来撰写的作品，如2005年9月18日在《华盛顿邮报》上发表的文章“你真可耻”（Shame On You）。麦克·胡巴切克和凯文·图内尔醉酒驾车的报道来自茱莉亚·杜因1998年10月19日在《新闻透视》（*Insight on the*

News）上发表的文章“遏制犯罪的法宝”（A Great Crime Deterrent），还有比尔·休伊特和汤姆·纽金特1990年4月16日在《人物》杂志上发表的文章“凯文·图内尔赔偿死者家属每周一美元，却无力承受”（Kevin Tunell Is Paying $1 a Week for a Death He Caused and Finding the Price Unexpectedly High）。

我很爱梳理从勒庞到津巴多对“群体性疯狂”的研究。有五位专家为我提供了慷慨的帮助，他们是亚当·柯蒂斯、鲍勃·奈伊、斯蒂夫·赖歇尔、亚历克斯·哈斯拉姆，还有需要特别感谢的克利福德·斯托特。好心的克利福德通过Skype跟我长聊了两次，给我分析“去个性化”的危害。在此特别推荐他和斯蒂夫·赖歇尔合著的《疯狂暴徒还是英国人：2011年暴乱事件的谜团与真相》（*Mad Mobs and Englishmen Myths and Realities of the 2011 Riots*），Constable & Robinson出版社，2011年版。

研究勒庞生平的时候，我参考了鲍勃·奈伊的《群体心理学的起源：古斯塔夫·勒庞与第三共和国时期的大民主危机》（*The Origins of Crowd Psychology：Gustave Le Bon and the Crisis of Mass Democracy in the 3rd Republic*）（赛吉出版公司，1975年版）。在奈伊的指引下，我又找到了多佛版勒庞著作《乌合之众》（Transaction Publishers出版社，1995年翻印）。勒庞跟巴黎人类学会打交道的部分细节来自马丁·S. 斯塔姆的《法国社会科学的本质与发展，1859年到1914年及更多》（*Nature and Nurture in French Social Sciences, 1859—1914 and Beyond*）（麦吉尔-女王大学出版社，2011年版）。西蒙内塔·法拉斯卡-赞伯尼《法西斯奇观：墨索里尼治下的意大利的权力美学》（*Fascist Spectacle：The Aesthetics of Power in Mussolini's Italy*）（加州大学出版社，2000年版）

和大卫·韦尔奇的《第三帝国：政治与宣传》（*The Third Reich：Politics and Propaganda*）（罗德里奇出版社，2002年版）让我得知戈培尔和墨索里尼都是勒庞的崇拜者。

研究菲利普·津巴多的时候，我参考了斯蒂夫·赖歇尔和亚历克斯·哈斯拉姆2006年在《英国社会心理学期刊》（*British Journal of Social Psychology*）上发表的文章《对暴政心理的反思：英国广播公司监狱实验》（*Rethinking the Psychology of Tyranny*：*The BBC Prison Study*），还有津巴多博士同年在同一家刊物上发表的反击文章《重新思考〈对暴政心理的反思：英国广播公司监狱实验〉》（*Rethinking the Psychology of Tyranny*：*The BBC Prison Study*）。

将伦敦暴乱事件比作病毒传染的比喻，来自加里·斯鲁特金2011年8月13日在《观察者》上发表的文章《暴乱是个体之间传播的疾病——关键在于切断传染》（*Rioting is a Disease Spread from Person to Person – the Key is to Stop the Infection*）。杰克·莱文的引用来自席夫·马里克2011年8月12日在《卫报》上发表的文章《英国暴乱事件："我们不想制造麻烦，只想有份工作"》（*UK Riots*："*We Don' t Want No Trouble. We Just Want A Job*"）。我能发现这两篇文章，归功于克利福德·斯托特的著作和指引。

2013年10月2日，我对马尔科姆·格拉德威尔的采访在英国广播公司《文化秀》节目中播出。在此要感谢总监柯莱特·卡姆登、制片人艾玛·考萨克和编辑珍妮特·李。

虽然本书绝大部分内容都是新的，但有小部分来自我写给《卫报周末版》的专栏文章。我指的是儿子让我表演被扔进湖里的样子，还有我对4chan网友特洛伊和梅赛德斯·海弗的采访。采访的部分内容刊登于

2013年5月4日《卫报》文章《安全警报》（*Security Alert*）。感谢夏洛特·诺斯艾奇为我编辑专栏。

奥斯瓦尔德·莫斯利和戴安娜·米特福德的信息来自夏洛特·莫斯利编著的《米特福德家族：六姐妹间的书信》（*The Mitfords: Letters Between Six Sisters*）（第四级出版公司，2007年版）和马丁·皮尤的《黑衫党万岁！战时英国的法西斯成员和法西斯主义》（*Hurrah for the Blackshirts! Fascists and Fascism in Britain Between the Wars*）（乔纳森凯普出版公司，2005年版）。我同样要感谢吉尔·科夫，他参与了纪念英联邦反法西斯的活动。关于马科斯·莫斯利的生平，部分细节来自2011年3月1日英国广播公司四套播出的节目《命悬一线》（*On The Ropes*）中约翰·汉弗莱斯对他的采访，还有露西·凯拉韦2011年2月4日在《金融时报》上发表的文章《马科斯·莫斯利的回击》（*Max Mosley Fights Back*）。此外，我还参考了贾斯蒂斯·伊迪法官2008年7月24日对“马科斯诉新闻集团报业公司”一案的判决书，全文可在BBC英国官网（bbc.co.uk）上找到。

威尔士牧师阿诺德·刘易斯之死的信息来自彼得·伯顿的《世界新闻报：作假之王》（*News of the World: Fake Sheikhs and Royal Trappings*）（Eye Books，2009年版）、马修·恩格的《投其所好：畅销出版社百年大事记》（*Tickle The Public: One Hundred Years of the Popular Press*）（Phoenix，1997年版）和伊恩·卡特勒自行出版的回忆录《相机暗杀3：一名摄影记者的忏悔》（*The Camera Assassin III: Confessions of a Gutter Press Photojournalist*），全文可在作者的个人网站www.cameraassassin.co.uk免费阅读。

我第一次听说大卫·布斯，也就是《邻家杀手》的作者，是通过纽约公共广播2012年1月9日的节目“广播实验室”。“广播实验室”的制片人蒂姆·霍华德帮我联系上了前嘉宾乔纳·莱勒，在此要特别感谢。《邻家杀手》是企鹅出版社2005年出版的。

肯尼邦克妓院的部分背景资料来自帕特里克·琼森2012年10月13日在《基督教科学箴言报》上发表的文章《当代清教徒名列耻辱名单》（*Modern-Day Puritans Wring Hands Over Zumba Madam' s List Of Shame*）。

如果你想进一步了解拉里·佩奇和谢尔盖·布林在斯坦福读书时的经历，我推荐约翰·巴特勒2005年8月在《连线》杂志上发表的文章《谷歌的诞生》（*The Birth of Google*）。

斯塔西资料的全部来自安娜·方德的杰作《斯塔西之地：柏林墙背后的故事》（*Stasiland: Stories from Behind the Berlin Wall*）（Granta，2003年版和Harper Perennial，2011年版）。

林赛·阿姆斯特朗的悲惨故事来自科斯蒂·斯科特2002年8月2日在《卫报》上发表的文章《她无法再忍受了》（*She Couldn' t Take Any More*）。感谢科斯蒂的文章对我的帮助，同时也要感谢她帮我联系林赛的母亲琳达。

吉姆·麦格雷维的资料来自他的自传《忏悔》（*The Confession*）（威廉莫罗出版社，2007年平装版）。

如果你想进一步了解沃波尔监狱在20世纪70年代的情况，我推荐杰米·比森内特、拉尔夫·哈姆、罗伯特·德莱罗和爱德华·罗德曼合著的《当囚犯管理沃波尔：监狱废除运动纪实故事》（*When The Prisoners Ran Walpole: A True Story In The Movement For Prison Abolition*）（南端出版社，2008年版），还有詹姆斯·吉里根的《暴力：全国传染病的反映》（*Violence: Reflections on a National Epidemic*）（Vintage出版社，1997年版）。1981年，马萨诸塞州参议员杰克·巴克曼给国际特赦组织写了公开信，抱怨沃波尔的恶劣环境。在描述狱中生活时，我引用了信中一些原话。感谢巴克曼的前助理布莱恩·威尔森将其发表在网上。

很多经济学家、记者和网络广告收入统计员向我伸出援手，让我弄懂了谷歌是怎么通过贾斯汀·萨科事件赚钱的。在此，我要感谢克里斯·班农、阿尔蒂·沙哈尼、杰瑞米·金、路德·洛维、索维耶·克劳斯、瑞贝卡·沃森、保罗·扎克、达伦·菲尔森、布莱恩·朗斯、乔纳森·赫什、亚历克斯·布隆伯格、斯蒂夫·汉和佐伊·查斯。

感谢托马斯·格茨帮我寻找“你的速度”标志的设计者。

我的妻子伊莲是本书的第一批读者。河源出版社编辑杰夫·克洛斯科、斗牛士出版社编辑克里斯·道尔和保罗·巴佳利，还有A. P. Watt/United Agents文学代理公司的娜塔莎·费尔威泽和娜塔莎·加罗威，也是最早读到本书的人。他们曾在我需要帮助的时候为我出谋划策。同样感谢A. P. Watt/United Agents的德雷克·约翰斯、莎拉·迪克特、乔吉娜·卡里根，河源出版社的凯茜·布鲁·詹姆斯、劳拉·佩西亚塞普、伊丽莎白·霍纳德尔，“美国人生”的伊拉·格拉斯、朱莉·斯奈德、布莱恩·里德，GQ杂志的吉姆·尼尔森和布兰登·沃恩，美国古文物学会的阿什利·卡塔尔多，亚利桑那大学的托尼·马萨罗，耶鲁大学的丹·卡汉，还有莎拉·沃韦尔、乔纳森·维克汉姆、斯塔利·凯恩、芬顿·贝里、杰夫·罗伊德、艾玛–李·莫斯、麦克·麦卡锡、马克·马龙、蒂姆·明钦、丹尼尔和葆拉·罗森、莱斯利·霍布斯、布莱恩·丹尼尔斯、芭芭拉·埃伦里奇、马蒂·希恩和卡米拉·艾尔沃希。

最后，还要感谢接受我采访的人，特别是乔纳·莱勒、贾斯汀·萨科、林赛·斯通、汉克、阿德里亚·理查兹和拉克尔。此前，他们从来没有对任何一名记者讲述自己的经历。我请求他们讲述的是一辈子最难熬的时刻。有些人几经劝说才同意接受采访，我希望他们觉得这么做是值得的。

后　记

2015年3月，《千夫所指》推出了精装版。几个月前，美国出版商给我寄来一盒圣诞糕点，附了一张小卡片，上面写着："好好休息一下吧，2015年会是艰难的一年。"我发邮件问他是什么意思。他说，有些人会恨这本书的。"没人会恨它的，"我想，"怎么会呢？我说得很对呀。"

1月，《纽约时报》打算刊登这本书的摘要，聚焦贾斯汀·萨科的事件。当时，距离贾斯汀发出那条关于艾滋病的推特已经过了十四个月，但她再也没在社交媒体上出现。推特上@JustineSacco这个账号还很活跃，但这是贾斯汀的朋友把账户注销后，"社会主义自由党"拿她的名字重新注册的，用来"发布跟种族、社会和经济公正有关的东西"。

贾斯汀一直跟我保持联络。她越来越担心公众舆论，只想恢复正常的生活。在外面晃荡了一年后，她终于找了份新工作，还是做公关。现在，一切又会被重新翻出来。

"真希望我当初接受采访时能想得远一点，"她在邮件里说，"想到任何报道都会让自己苦心经营的事业功亏一篑。我不用向任何人证明任何事。"

我不用向任何人证明任何事。这句话让我深有感触，因为推特存在的意义就是，每个人都在向别人证明自己。这正是灾难的源头！贾斯汀在希斯罗机场候机时无所事事，所以想说点有趣的东西，希望博得一百七十个粉丝的赞扬。也是出于同样的原因，在她呼呼大睡的时候，事情会不断升级。成千上万的人争着向别人展示，自己有多关心非洲艾滋病患者。正是因为想要表现得富有同情心，才会有那么多人做出冷酷无情的事，毁掉了一个在飞机上熟睡、无法为自己辩解的女人。

2月12日早上，《纽约时报》刊登了这本书的摘要。几小时后，贾斯汀给我发了封邮件。“只想告诉你一声，我收到了无数反馈，都来自素不相识的人。他们纷纷对我表示支持，称赞我临危不乱，应对得体。谢谢你，乔恩。很高兴你讲述了我的故事。”

但她有一点很不满。《纽约时报》网站用的标题是“一条推特是如何毁掉贾斯汀·萨科的”。

“那条推特没有毁掉我，”她写道，“我现在活得很好，凭借毅力走到了今天。世界可以试着压垮一个人，但只有自己才能毁掉自己。我的生活没被毁掉。为了渡过危机，我做了很多努力。保持真我，帮我度过了一生中最黑暗的时光。我不希望被人们视为沮丧透顶的家伙，因为根本不是那样。”

《纽约时报》同意把标题改成“一条推特是如何让贾斯汀·萨科陷入绝境的”。

摘要刊出的那一天，我跟贾斯汀一样，也收到了很多邮件。所有邮件都是积极向上的。有些家长告诉我，他们把这个故事发给孩子看，警告孩子不要乱发推特，免得引发误会。我能理解家长这么做的苦心，但这并不是我想传达的信息。我认为，如果说有人需要做出改变，那也应该是施加侮辱的一方。贾斯汀犯的错只是开了个不恰当的玩笑。在我看来，认为这起灾难是她咎由自取，就像说被强暴的女孩“不该穿超短裙”一样，是在指责受害者。

贾斯汀在邮件里写道：“有些人写信过来，说自己参加了公开羞辱，为此向我道歉。还有四十个德国男人想跟我约会，因为文章被译成了德语。”

“这篇文章可能是个转折点，”彼得·布拉德肖在《卫报》上写道，“推特上的羞辱，让自认为善良的人们理直气壮地欺凌别人，沉迷于这么做获得的快感。或许罗森的文章能引起人们对‘推特羞辱文化’的质疑。”

正如梅根·奥吉布林在《波士顿评论》（*Boston Review*）上提到的，人们渐渐意识到，发生在贾斯汀身上的事不是社会公正，而是一种宣泄。

※※※

推特上的暴行应该被制止，但贾斯汀·萨科不是好例子

为什么是萨科？为什么是现在？为什么以她为例，提醒我们社交媒体会毁掉一个人的前程？为什么以她为例，研究不公正的迫害现象？为什么以她为例，讲述关于雪耻和谅解的故事？有些人比她可怜得多，至今还在独自面对网络暴民和喷子的纠缠。当然，萨科在这起事件中受到了不少针对女性的攻

> 击，但有些女人的处境更糟糕。女权主义作家和活动家杰西卡·瓦伦蒂面对网上持续不断的攻击，仍然坚持为公众写作。有色人种女性的状况更是不妙。宾夕法尼亚大学的杰出学者安西亚·巴特勒就因为直抒己见，面临着种族主义言论的围剿。
>
> 贾斯汀·萨科很值得同情，因为她刚过而立之年，是个受过良好教育又相对富有的白人女性。在美国最丑陋的种族主义者眼中，金发碧眼的萨科显得那么弱不禁风，就像受到暴民围攻、等待被人拯救的落难少女。
>
> ——帕特里克·布兰切菲尔德，《华盛顿邮报》，2015年2月24日

事实上，我写贾斯汀的故事不是因为认同她（虽说我也认同），而是因为认同毁掉她的人。我自认为是社会正义的维护者，而滥用权力的正是我这种人。这比种族主义者和仇视女性者纠缠别人的行为还令我费解。我还对集体羞辱事件感兴趣，这种事能让一盘散沙的团体联合起来。被种族主义者和仇视女性者攻击是很可怕，但受害者至少能从其他地方得到支持。仇视女性者抨击女权主义作家的时候，明智的正派人士能分辨出谁才是真正的恶人。但毁掉贾斯汀的，正是这些明智的正派人士。先是社交媒体将她视为恶人，接着主流媒体也跟进了。没有人支持贾斯汀。这把火烧得太旺了。记者海伦·刘易斯在《新政治家》（*New Statesman*）杂志上发表了对本书的评论，说她当天晚上就在推特上：

> 当时，我试着指出，这条推特可能没那么坏，至少没坏到要受强奸和死刑的惩罚。

> 一些推特用户开始指责我，说我是典型的中产阶级白人女权主义者，就知道给有权有势的公关经理拍马屁，无视受压迫的有色人种的呼声。所以，我做了件后来一直很后悔的事。我闭上了嘴，眼睁睁看着贾斯汀·萨科的生活被撕成碎片。
>
> ——海伦·刘易斯，《新政治家》，2015年3月11日

最开始，人们批评我的文章时还很犹豫，有些踌躇不定，就像在等大家达成共识似的。有人发了条推特："这篇文章除了让她重回风口浪尖，其他什么作用也没有。"有人回复："她爸是亿万富翁，我才不担心她。"（贾斯汀的父亲不是亿万富翁，只是个卖地毯的。）"那条推特没有毁掉她的生活，"有人补充说，"贾斯汀·萨科找到了新工作。我×。"

"那是一年后了啊，"看到这条评论时，我心想，"她一年后才找到了新工作。"我们这群"善良的人"给贾斯汀判了一年有期徒刑，就因为她发了一条措辞不当的推特，就像几句蠢话就能暴露她内心的邪恶一样。她没能及时辩解，是此事迅速发酵的重要原因。"某人压根没意识到自己已经完蛋了，这种感觉真爽！"飞机落地的时候，她的生活已经分崩离析了。难道她一年后好不容易让生活重回正轨，反倒证明当初的羞辱无关痛痒了？

我想起有一次，我在苏格兰的海滩上被一群海鸟围攻。它们先是在头顶盘旋，后来又俯冲下来啄我脑袋。我缩着脖子，挥着手臂，狼狈不堪地跑回大路上。

"你可能离它们的蛋太近了，"妻子伊莲冲我喊，"你应该注意它

们的巢。”

“我怎么知道巢在哪里啊。”我喊道。

最初那些试探性的批评，就像在空中盘旋的海鸟。很快，“俯冲”就开始了：“读过这本书的摘要后，我可以毫不过分地说，@jon_ronson就是个恶心的种族主义者。”

在巴黎地铁里，一群切尔西球迷把一个黑人推下车，还齐声高唱“我们是种族主义者，我们是种族主义者，我们就爱这么干。”有人拍下传到了网上。那段视频既令人震惊又让人恶心。

“乔恩·罗森也许会跟他们一起庆祝。”有人写道。

我给贾斯汀发了封邮件：“我可算知道你的感受了。”

“如果你收到了死亡威胁，我很抱歉。”她回复，“没有人应该受到威胁和言语暴力。”

“好吧，还没人威胁要杀掉我。”我回复。

（和往常一样，大家对贾斯汀这个女人的侮辱，远远超过对我这个男人的侮辱。）

大多数人都喜欢这本书。但有一小撮人，一页都没读过，就武断地认为它反对社会公正，维护白人特权。在反抗网络羞辱的战役中，我发出的声音微不足道。因为在贾斯汀这种人能取得成功的现实世界里，网络羞辱是小人物博得眼球的唯一途径。但我实在无法理解，羞辱贾斯汀到底有什么好处，因为她的玩笑本意就是讽刺种族主义。贾斯汀的遭遇在我看来，不过是世界某个角落又发生了一件可怕的事。

我不知有多少人对本书持这种观点。我一点也不紧张。尽管有很多想说的话，但我还是决定缄口不言。我想说，多年以来，我一直在写关于滥用权力的故事。如果滥用权力的人远在天边，比如说在军队或医药产业里，每个人都爱看这种故事。我写过精神病学领域乱贴标签的现象，四岁小孩因为爱发脾气就被诊断为躁郁症，每个人都觉得这种做法太糟糕了。但一旦我指出，我们自己就是滥用权力的人，在证据不足的情况下给别人乱贴标签，大家就说我肯定也是个种族主义者。

我想鼓励那些人读读这本书，所以发了条推特："顺便提一句，《纽约时报》刊出的贾斯汀·萨科的故事不是独立的文章，而是从一本书里摘出来的。"

"噢，现在罗森说它是从一本书里摘出来的。"有人写道。

什么意思？它本来就是书的摘抄啊。难不成他以为我跑回家现写了一本书？我意识到，现在无论自己说什么，都会被当作呈堂证供。所以，我选择保持沉默。

"为什么乔恩·罗森一条评论都不回复？"有人发了条推特。

"因为乔恩·罗森只回复男人。"有人回复。

我喜欢人们进行各种离奇的揣测，因为跟其他评论比起来，它们让我看起来还不错。

我不后悔写贾斯汀的故事。人们一直告诫我："写那些受冤枉的人没问题，但别挑那个人，不然会惹祸上身的。"但受了冤枉就是受了冤枉，不能因为时过境迁就说她没受冤枉了。

※※※

费城一列火车出轨。它以一百〇二迈的时速冲出铁轨，车厢裂成两半，共有八人死亡，两百多人被送进医院，其中一些受了致命伤。

“无论你往哪个方向看，都能看见火车的碎片。”一位目击者告诉美国有线电视新闻网的记者，“你能看见人们试着爬出来。”

“有两个人卡在我们头顶的行李架上，求我们把他们弄下来。”另一个人说。

“我看见很多人头部受伤，满脸是血。”还有一个人说，“四处骨折——胳膊、肩膀，各种各样的骨折。”

一位幸存者走出车厢的残骸，发了条推特：“谢谢让我坐的车出轨，能不能把放在第二节车厢的小提琴还给我？”

推特和Facebook上的回应是：“有些傻×火车出轨后抱怨小提琴找不着了。车上人都死了你知道吗？”“真不幸，太多人只想着自己，不考虑别人。”“她就是个白痴。希望那把小提琴已经粉身碎骨了。”“我希望有人捡起那把小提琴，狠狠砸在火车上。”“干死那个婊子，滚他妈的小提琴。要是当着面，我非给她一耳光，把她牙扇掉不可。你他妈就一贱货！”她注销推特账号后，网上的回应还是没有停歇：“这个屎货把账号删了，小提琴还怎么找得回来？”“我希望你在浑身是血的人身体下面找到小提琴。祝你好运！”“希望小提琴已经毁了”“你的小提琴可以再买，死去的人却永远回不来了。”“自私的贱人。”“我不会饶过她。太可恶了！我希望她的下场像婊子一样。”“八个乘客去世，她却啥事也没有，真是没天理啊！”“命好了不起啊！”

和贾斯汀一样，她被公开羞辱是因为人们觉得她滥用特权。当然，被指责滥用特权的下场，要比过去被指责未婚生子好得多。但那么多没有亲身经历事故的人，现在却在指责一个刚刚死里逃生的女人滥用特权。“滥用特权”成了我们毁掉别人生活的正当理由。这个词已经越来越没有价值。它让我们失去了同情心，失去了辨别真话和玩笑的能力。

※※※

我去纽约一家摄影工作室为本书拍宣传片。我前面有个医生，在拍她自己的片子。

“你的书讲的是什么？”她问我。

“网络羞辱。”我回答。

“哦，你读过《纽约时报》的那篇文章吗？”她问。

“那是我写的。”我说。

“你一定很开心！”她说。

“其实并不。”我答道。

“为什么不？”她问。

“因为反响太强烈了，有些人说我是种族主义者。”我说。

“那你想要什么？”她问。

一阵沉默。

“阿普唑仑（抗焦虑药）？”我说。

她掏出处方本，给我开了六十片阿普唑仑。于是，我再也不焦虑了，但开始头晕。我必须在眩晕和焦虑之间做出选择。后来，我对喜剧演员乔·罗根提到了这件事。“欢迎来到美国。”他说，“这就是我们的两难处境。要么眩晕，要么焦虑。”

※※※

事实证明，彼得·布拉德肖在《卫报》专栏里的预测是错的。我写的贾斯汀的故事并未成为转折点。推特上的羞辱非但没有减少，反而成倍增加。有些惨遭羞辱的人，比如贾斯汀和小提琴的主人，很容易让人产生同情。她们只是犯了个愚蠢的小错误，就像科学家马特·泰勒操纵飞过三亿一千万英里的太空探测器登陆彗星时，穿了件不合时宜的衬衫一样。衬衫是他的一位女性朋友设计的，上面印着身穿性感内衣的太空女英雄。社交媒体对此极尽讽刺：“太空探索领域不欢迎任何一个女人，不信就问问穿这件衬衫的家伙吧”，诸如此类。第二天的新闻发布会上，他直接飙泪了。

当然，推特用户指出科学家性别比例失衡是没错，但他刚刚让太空探测器登陆彗星，那可是人类史上首次实现的壮举啊，转过头来就在电视上大哭不止。是因为他的痛苦正好发生在眼前，所以我会为他难过，而无法在科学领域施展抱负的女性，则是深藏在体制内部，所以我不会那么难过吗？还是说，我感到如此难过，是因为他在专业领域外被人以无关紧要的缘故嘲笑？或许二者都有吧。

但对一些人来说，他声泪俱下的道歉还不够。“我个人希望，有朝一日（在他不那么忙的时候）泰勒能多谈谈这件事，让大家知道他明白这件衬衫为什么不合适。”《华盛顿邮报》的一位科普作家在博客里写道。

另一些受到羞辱的人是罪有应得的，比如明尼苏达州的牙医瓦尔特·帕尔默。在津巴布韦万盖国家公园的保护区里，他用弓箭射中了一头受人喜爱的狮子，跟着它跑了四十小时，然后残忍地将其枪杀、剥皮、斩首。那场猎杀的细节是如此令人发指，在社交媒体上掀起了前所未有的轩然大波。我认识的三个人对瓦尔特·帕尔默无比痛恨，把他家的地址电话公布在了Facebook主页上。其中一个人大半夜往他家打电话，打算冲他狂吼（但他没接电话）。第二天，他们都惊讶地意识到，自己被卷入了一场同样残忍的猎杀。有六十五万四千名粉丝的女影星米娅·法罗（我有时会在推特上和她互动）也贴出了他家的地址。后来，她在推特上回复我："我有点激动过头了。"另一些人为了报复，把米娅·法罗家的地址发到了网上。就这样，情况愈演愈烈。

我相信，瓦尔特·帕尔默的遭遇会吓到其他西方人，让他们打消猎杀野生动物的念头，这似乎是一种胜利（但从2011年到2014年，有十万头大象被偷猎者杀害，社交网络却不曾追究过那些人，因为他们没有滥用特权。顺便说一句，我不是这方面的行家，只是在网上读到过相关的文章）。

但这种羞辱实在是太残忍了，即便对罪有应得的人来说，也太残忍了（再说了，他有员工，也有家人，附带伤害是难以估量的）。这让我想起ESPN电视台记者布里特·麦克亨利的遭遇。车子被从车库里拖走后，她把怒火撒在车库管理员身上，而这一切都被监控拍了下来。"我是电视台的，你他妈就一小角色！"她冲那个女人喊道，"……我他妈要告这个地方……让你们一听到我的名字就发抖……连个大学没毕业的家伙也能做这个工作……减减肥吧，死丫头片子……"推特上对此的回应是："哇，我越看#BrittMcHenry的监控录像，就越想揍她一顿。怎么有这么霸道的人？#贱货""真没品，#BrittMcHenry#贱货""你丫就一秀优越的婊子""赶紧自杀吧"等。这么多人同时对一个人冷嘲热讽，我还从来没见过。

只要跨越雷池一步，无论是荒谬的行为，还是愚蠢的做法，都会招致大肆羞辱。我觉得迟早有一天，自己也会遇上。

※※※

一切始于2014年。我问4chan的网友梅赛德斯·海弗，为什么女人受到的辱骂要比男人的恶毒得多。男人只会收到"我要让你被炒鱿鱼"，女人收到的却是"我要强暴你"。

"嗯，这是有点极端，"梅赛德斯回答，"4chan抓住人们能想出的最糟糕的事，嚷嚷着要把它变成现实。4chan的用意是想让目标丢脸，对吧？在我们的文化里，对女人来说，被强暴是最丢脸的事。我们从来不会说强暴哪个男人，因为在绝大多数人看来，这对男人来说不算丢脸。男人最丢脸的事是被解雇。社会普遍认为，男人应该有事业。一旦被解雇，他们就没了做男人的资格。在加密狗事件里，她毫无意义地夺走了一个男人的工作，让他失去了做男人的资格。所以，公众也要让她失去做女人的资格。"

接下来的几天，我一直在想梅赛德斯说的话。正好，我的焦虑是通过两种方式显露出来的：

1.如果我给家人打电话，他们没接，我就会觉得他们死了。以前，我儿子还很小的时候，如果我打电话没人接，我就会想象妻子摔下楼梯扭断了脖子，儿子正把小手伸向刚烧开的水壶。有一次，那时还没有手机呢，我从华盛顿一家酒店打电话，家里没人接，我就慌了神，先给邻居打电话，然后报了警，最后还叫了消防队。最后，酒店电话账单是九百多美元。后来，催眠师保罗·麦肯纳治好了我，但只解决了我关于妻子的焦虑。现在，如果我给妻子打电话，她没有接，我还勉强能忍。但如果是我儿子……他现在已经十七岁了。我在推特上关注了纽约每一家急救站。如果我一觉醒来，儿子没在家，打电话又不接，我至少能上网查查，有没有身高长相和他类似的人遇害的消息。结果，纽约发生的每一起命案我都了如指掌，包括枪击案、遇刺案，还有施工设施掉落造成的死亡（这事发生的概率比你想象的要大。如果你读到这里刚好走到一台起重机下面，千万悠着点，它很可能倒下来砸中你）。

2.工作。我引述别人的话时有没有写错？有没有把事实搞错？表述是不是清晰？我问过兰迪·纽曼[①]，他为什么要写歌。他回答："这是我评判自己的方式，这让我感觉良好。"我对写作也是这么看的。这种担忧也很实际——如果我声名扫地的话，要怎么养活全家？我们会沦落到什么地步？每每半夜惊醒，这些想法就会钻进我脑子里。

所以，梅赛德斯说这番话的时候，我就在想："这是不是意味着，有些女人担心被强暴，就像我担心丢掉工作一样？会不会有些女人半夜惊醒，害怕自己被强暴？"

然后，我想起了加拿大小说家玛格丽特·阿特伍德的一句话："男

① 兰迪·纽曼，美国著名作曲家，歌手，钢琴师，曾获得奥斯卡金奖。

人害怕被女人嘲笑，女人害怕被男人杀掉。”

我意识到，自己相对来说算幸运的。我只有两方面的焦虑，有些女人还有第三种——害怕被强暴。作为男人，我从来没有这方面的担忧。

所以，我在引述梅赛德斯的话下面写了几句：

> 我从来没有从这个角度想过——男人害怕被解雇，就像女人害怕被强暴一样。我不知道梅赛德斯说得对不对，只知道，我想不出比被解雇更糟糕的事了。

你现在或许会觉得，我应该把自己的意思解释得更清楚一些。

2014年8月，这本书出版之前六个月，样稿开始在出版业内流传。样稿，也就是未经修订的版本，是书籍正式出版前供出版业专家审阅的版本。他们可能会建议书商在橱窗里给这本书留个位置，也可能将其列入“2015年最值得关注的新书”榜单。样稿首页上印着“未经修订，禁止引用”的大字。这么做是有原因的。有时候，由于时间有限，校样里有些地方还没来得及让律师检查，有可能引起法律纠纷。而且，作者往往会在最后一刻做些修改。我就经常这么做，直到最后关头才修改。

2014年11月，我的英国编辑给我转发了一封邮件：

> 读你上周发来的乔恩·罗森的新书时，有个地方（整整一段）让我非常震惊。
>
> 第133页，“我从来没有从这个角度想过——男人害怕被

> 解雇，就像女人害怕被强暴一样。我不知道梅赛德斯说得对不对，只知道，我想不出比被解雇更糟糕的事了。”
>
> 我知道这只是未经修改的样稿，但这哪怕只是想想也是疯了。我很确定，男人和女人对强暴的感觉是一样的。丢掉工作怎么能和这种摧残灵魂、扭转生活的暴力行径相提并论？丢掉工作是很可怕，特别是有一大家子等你养活的时候。但它和强暴还是没的比！

我重新读了一遍。“怎么会有人觉得，我认为被解雇和被强暴一样糟糕？”但确实有人这么认为。我把邮件拿给朋友斯塔利·凯恩看，让她评评理。

“把这段删了，”她说，“不然会引起误会的。”

“不会有人误会的！”我说。

“把它删了。”她坚持。

我乖乖删了。这段话没出现在书里。

3月，我开始了为期两个月的新书巡回宣传。在伦敦的宣传活动上，我拿推特和斯塔西做比较，有听众发出了不屑的嘘声［我能理解他为什么感到不屑。这个对比听起来是有点牵强。但我还是坚信，他感到不屑的真正原因是没想通。根据安娜·方德的研究，斯塔西（世界上最庞大的监控网络）由众多志愿者组成。这些人自愿参与的原因，竟是为了确保邻居没有行差踏错］。

在诺维奇，问答环节的气氛出奇地紧张。第一个问题是：“作为犹太人，你应该对以色列前总理内塔尼亚胡深有了解吧？”由于我在演讲里根本没提到他，这个问题是凭空冒出来的。而且，与其说它是个问题，不如说是个论断。再说了，内塔尼亚胡跟我一点关系也没有。第二个问题针对的是我对贾斯汀·萨科的态度：“你是种族主义者吗？”

在圣克鲁兹，我演讲的时候，坐在前排的一位老妇人一直拼命摇头，表示很不赞成。我看着她的时候，她的脑袋摇得更厉害。在问答环节，她说：“如果有人想在推特上玩火，那么就活该被烧着。”

但这不是关于推特的故事，而是关于我们的故事。推特是个存在缺陷的信息互动工具，正扮演着议题设置的角色。就连地位都已被撼动的主流媒体，都要从社交媒体上寻找值得关注的资讯，再做实地考察，进而深入报道。社交媒体被看作不起眼的玩具，就像印刷机曾经被看作不起眼的玩具一样。贾斯汀只有一百七十个粉丝，从来没有人评论过她的推特。她一直是在空房间里说笑话，不过是自娱自乐罢了。她根本不可能预见到，自己在飞机上呼呼大睡时会发生这种事。这种事没有先例。

去明尼阿波利斯做演讲之前，我接受了威斯康星州麦迪逊一家公共广播电台的采访。直播开始前，我抽空瞄了一眼推特，看到了这样的消息：

推特是纽约的一位自由撰稿人发的。

“您现在收听的是威斯康星公共广播。这个时段我们邀请的嘉宾是乔恩·罗森……”

那条推特底下的评论是：

“我的天哪。”

“这是什么鬼？”

“这堆垃圾是什么？谁写的？”

“乔恩·罗森的新书。”

“我去！”

“这什么逻辑啊，真给跪了。”

“他是不是打算亲自试试？”

“就像他打算让我们公开羞辱他一样。”

“这算不算是对他的公开羞辱？”

“我讨厌男人，他们总是让我们失望。”

“天哪，大家好像对这本书评价还挺高，神啊！”

“干死这家伙。干死这家伙。干死这家伙。重要的事说三遍。”

“你这是认真的吗？”

在采访的间歇，插进了一段爵士乐。我还是第一次这么感激公共广播里插播的音乐。我赶紧回复那位记者：“书里没有这段，只在禁止引用的校样里出现过。谢谢你指出。”

“谢谢你写下来。”她回复。

“你根本就不该这么想。”有个人评论道。

但接下来发生的事，是贾斯汀从来没有经历过的。网友开始讨论这段话的意思，有些人站在了我这边。大家就像沙滩上的海鸟一样，开始围攻那个自由撰稿人。我给她推特留言，问能不能给她发私信，解释一下这句话的意思。她同意了。然后，我就解释了一下，还加了句祝她一切安好，不要觉得受了围攻。她的回复很友好。但马上有人发推特说，我用私信“威胁”她。我只好打消了继续说下去的念头。

每个人的处境都很严峻。我一辈子都期待人们能理智一些，但发现压力太大了。这个小小的波澜，让我在明尼阿波利斯的酒店里整宿都没睡好。由于本书展示的正是羞辱对一个人精神状态的影响，我第二天一早就发了条推特，表示即便是这么微不足道的羞辱，都让我受到了很大的影响。

“别叽叽歪歪了。”有人评论道。

正如希瑟·马利克在《多伦多明星报》（*Toronto Star*）上所写：“在推特上受到羞辱的人，他们的痛苦通常被视为微乎其微，甚至是滑稽可笑的。”

※※※

> 正好，我既在网上被人围攻过，也在现实中被街头黑帮围殴过。现实里的围殴——别太吃惊哦！——感觉更糟糕。
>
> 这个故事告诉我们，尽管这些体验都很痛苦，男人通常能熬过去……（但）贾斯汀·萨科？呃……
>
> ——科瑞·斯查（前高客传媒编辑），
>
> 《纽约时报》，2015年4月19日

其实，贾斯汀当时挺好的。但四星期以后，也就是5月中旬，一名四十七岁的以色列公务员阿里埃勒·路尼斯被控种族歧视。一名黑人女性在Facebook上说，她在特拉维夫更新护照，一位女性官员不让她走母婴快速通道。白人就行，她就不行。于是，她向负责人阿里埃勒·路尼斯理论，却得到了粗暴的回应：

“我告诉他刚才发生了什么事，觉得自己因为肤色受到了歧视。我告诉他，小宝宝需要换尿布，大孩子也要上厕所，我只希望能像其他母亲一样得到公平对待，别无他求。但如果合理请求无法得到满足，我也不会善罢甘休。

“他说，如果我要抱怨受歧视，就该‘趁早从他眼前滚开’。他是当着那么多人的面说的。我努力控制情绪，但眼泪还是不争气地掉了下来。五岁的儿子安慰我，说我们最好离开。”

她这条消息被转发了七千多次。

阿里埃勒·路尼斯也在Facebook上发了一条消息，作为对此事的回应：“两天前，有个女人来我们这里办业务。当时，我正在帮助别人。她要求马上为她服务，并开始大喊大叫，说不这么做就是种族歧视……这位女士竟然说我是种族主义者！我告诉她，不行就是不行。我拒绝她插队，至少在我这儿没门儿。有一列队全是带小孩的妈妈，她必须跟大家一样老老实实排队。”

他还说，自从她在Facebook上发布消息，记者们便蜂拥而至，请他做出回应。每个记者都打算把他描写成种族主义者，但他恰恰是个反种族主义倡议者。他创办过一个组织，致力于“保证每个公民，尤其是少数族群，都能享有平等的权利，平等融入以色列社会”。

“直到两天前，我的生活还是好好的。”他写道，“但现在，Facebook上的每一条转发都成了射向我的利箭。拜这些伤人的言论所赐，我毕生的工作都毁于一旦了。这些年来，我一直努力想扬名立万。现在我确实出名了，但和名字相伴的却是最邪恶的词语——种族主义。从此，这就成了我的宿命。”

他发布消息后，举枪对准了自己的脑袋。几小时后，人们发现了他的尸体。

今天早上我醒来的时候，得知了有生以来听到过的最糟糕的消息。我为一条生命的逝去而难过。我在以色列受过很多次歧视，这是头一次讲述自己的遭遇。但就这么一次，就害了一个人。没有人比我更愧疚了。如果一切可以重来，我宁可像过去一样保持沉默。

——女当事人

这件事的结果太令人失望了。此事公之于众之后，非但没有引起人们对网络羞辱的冷静思索和严肃探讨，反而让女当事人受到了连番打击。

——艾莉森·卡普兰·索默，

《以色列国土报》（*Haaretz*），2015年5月26日

毫无疑问，女人受到的侮辱要比男人严重得多，但在社交媒体上受辱后的恢复能力却和性别无关。我采访过一个受到侮辱的男人，不过最终没有写进书里。我问他，受辱的时候是什么感觉。他回答："比我爸狠命抽我还难受。"

一位女性朋友对我说："至少，这些受辱的男人能体会到我们一直以来的感觉。"她马上补了一句，"我知道这么想不好。"我明白她的意思。自认为在维护社会公正的人（大多是我的同行）不断发起攻击，导致我真的开始跟他们保持距离了。

※※※

有些人误认为我是种族主义者，以为我觉得被解雇比被强暴还糟糕。我也误认为自己需要参与羞辱事件，站在和大家相反的立场上。这显得越来越不合时宜了。6月12日，我在《卫报》上读到一篇文章：

父母揭露，民权活动家蕾切尔·多利扎尔谎称自己是黑人

华盛顿州著名民权活动家蕾切尔·多利扎尔的亲生父母日前表示，她谎称自己是黑人，其实是白人后裔。

蕾切尔·多利扎尔是一位学者，斯坎波市警察专员委员会主席，还是非裔美国人民权运动组织“全国有色人种协进会”（NAACP）分部主席。

——杰西卡·艾尔格特，《卫报》，2015年6月12日

“这个故事真够疯狂的，”我想，“既神秘又复杂。她为什么要假冒黑人？或许她有精神病，或许没有。或许她对肤色的看法，就像变性人对性别的看法一样。或许她不是这么想的。”我有无数疑问。她的家庭生活是什么样的？她在有色人种协进会称职吗？如果她很称职，那么假冒黑人重要吗？或许它确实很重要，但我不清楚有多重要。记者最喜欢问的就是“为什么？”为什么？它会打开新世界的大门。

我想知道推特上的人怎么看，就上去看了一下。

“#RachelDolezal#你可以欣赏一种文化，而不擅用它。你不接受这一点，所以你是个种族主义的白痴”“#RachelDolezal#一生都以‘黑

脸’示人，在我看来就是一板上钉钉的种族主义者”“我们应该往#RachelDolezal#头上浇强力腐蚀剂，烧烂她的脑袋，还有那种族主义的大脑”“别搞错了，#RachelDolezal#是个自说自话、精神失常、反社会的种族主义者”，诸如此类。

我再也忍不了了。在社交媒体上，我们明明能让事情往好的方向发展，却偏偏要对别人冷嘲热讽，恶语相向。我们对蕾切尔·多利扎尔一无所知。就算她真像人们设想的那样，为什么不能先等确凿的证据出现呢？或许蕾切尔·多利扎尔正看着这些推特，想着自杀呢。这很有可能。我无法忍受人们总以伤害别人为乐了。所以，我发了条推特：“为#RachelDolezal#深感担忧，希望她没事。世人根本不了解她，也不清楚她的动机。”

接下来发生的事不太妙。

我在伦敦参加晚宴，和同桌的人闲聊，一切都很美好。我又瞄了一眼推特，发现有人骂我是“白人至上主义者”。我没有回复，继续和人闲聊。大家都很友好。然后，我又看了一眼推特。有人冒充我写了条推特：“迪兰·鲁夫是好样的。”迪兰·鲁夫是个种族主义者，在南卡罗来纳州的查尔斯顿杀了九个非裔美国人。

有人说我无权评论蕾切尔·多利扎尔事件，因为我是个白人，这件事跟我无关。他还说，自己跟多利扎尔不一样，无法选择皮肤是黑是白。作为黑人，他每次走在街上，都会因为肤色受到额外的关注。我乱插嘴让他火冒三丈。我解释过自己这么做的原因：三十年来，我一直在报道复杂的人性。至于要怎么理解它们，我有自己的看法。但他说得对，我是白人，没法从黑人的角度思考问题。

我向推特投诉那个冒充我赞扬种族主义杀手的人。推特的回应是：“我们认为这没有违反推特的政策。”

我一下子就火了。我们简直成了推特的免费实习生，公司却根本不在乎我们这些人。我看到有人发推特说：“想想看，在这里发几行字就能毁掉我的一生，真是不可思议。”推特俨然执掌起了生杀大权。这是件危险的事，让我非常不安，就像2001年的那场浩劫一样。

我的纪录片制片人朋友亚当·柯蒂斯发来一封邮件：“我有个奇怪的理论：在未来的十年里，网上很多地方都变成约翰·卡朋特电影里的场景——废墟之上，站着几个无畏的战士，每个人都有自己的信念和原则，大声互相谩骂。其他人都逃往网络的边缘地带，逃到可以正常生活、改变世界的地方。我认为互联网的希望就在于这些边缘地带。但要建设它们，就必须把那些键盘侠甩在身后。”

我受够了，再也不想玩推特了。

推特之外的世界真是太棒了。我可以读书，可以联系现实生活中的朋友，可以跟他们一起饮酒作乐。然后，我又回到了推特。

※※※

有人告诉我，如果能在结尾总结几条法则，说说哪些羞辱是好的，哪些是不好的，肯定锦上添花，还能避免很多批评。但我从没想过要这么做，因为那太像人生导师做的事了。再说，哪些羞辱是好的，哪些是不好的，在我看来实在太明显了。从2014年到2015年，很多警方虐待有色人种的视频被曝光，发生的地点包括斯塔顿岛、纽约、弗格森、密苏里，还有得州的沃勒郡。埃里克·加纳、迈克尔·布朗和桑德拉·布兰德都因此身亡。在得克萨斯州的麦肯尼，一名警察突袭泳池派对，朝一群手无寸铁的黑人青年开枪。他把一个穿比基尼的女孩狠狠摔倒在地，全身重量都压在她身上。“我要给妈妈打电话！”受惊的姑娘尖叫着。

毋庸置疑（似乎又有必要提一下），在社交媒体上曝光这种视频，要比批判火车出轨后寻找小提琴的女人有意义。前者是用社交媒体维护民权，后者只是毫无意义的泄愤。由于我们手握大权，区别这两者是非常重要的。

当然，总会有人夹在两者之间。我们至少该有点耐心，不要急着盖棺定论。当我们发现，自己公开侮辱某个人的方式，和当事人侮辱其他人没什么两样（就像布里特·麦克亨利事件一样），心里就该敲响警钟了。

我想起了早年的推特。当时，人们说出自己丢人的秘密，其他人会说：“天哪，我也干过这傻事！”或许世界上有两类人，一类更关注人而不是观念，另一类更关注观念而不是人。目前，关注观念的人占据了上风。他们创造了一个舞台，到处挖掘可耻的秘密，时刻上演惊心动魄的戏剧。我们或许在现实生活中做了很多好事，但只要在推特上说错一句，所有的善举都会被抵消。就算我们知道不该以此作为判断依据，也无济于事。事实上，人类既聪明又愚蠢，不是非黑即白的。

所以，当你看见别人遭受不公平的羞辱时，请站出来帮他说几句吧，即使这么做有可能连累到你。有人发出不同的声音，这才是民主。

社交媒体的伟大之处在于，沉默者有了发声的机会。不要让“沉默是金”重新成为这个世界的生存法则。